心态的力量

[日]星涉 著 白娜 译

图书在版编目（CIP）数据

心态的力量 /（日）星涉著；白娜译. — 武汉：长江出版社，2023.8
ISBN 978-7-5492-8926-4

Ⅰ.①心… Ⅱ.①星… ②白… Ⅲ.①成功心理－通俗读物 Ⅳ.① B848.4-49

中国国家版本馆 CIP 数据核字（2023）第 112975 号

KAMI MENTAL "KOKORO GA TSUYOI HITO" NO JINSEI HA OMOIDORI

©Wataru Hoshi 2018

First published in Japan in 2018 by KADOKAWA CORPORATION, Tokyo. Simplified Chinese translation rights arranged with KADOKAWA CORPORATION, Tokyo through TUTTLE-MORI AGENCY, INC., Tokyo.

图字：17-2023-115 号

心态的力量 /（日）星涉 著　　白娜 译

出　　版	长江出版社
	（武汉市解放大道 1863 号　邮政编码：430010）
市场发行	长江出版社发行部
网　　址	http://www.cjpress.com.cn
责任编辑	向丽晖
印　　刷	三河市腾飞印务有限公司
版　　次	2023 年 8 月第 1 版
印　　次	2023 年 8 月第 1 次印刷
开　　本	880 mm×1230mm　1/32
印　　张	6.75
字　　数	133 千字
书　　号	ISBN 978-7-5492-8926-4
定　　价	48.00 元

版权所有，盗版必究（举报电话：027-82926804）
（如发现印装质量问题，请寄本社调换，电话：027-82926804）

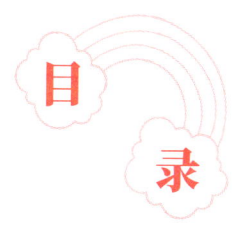

目录

写在前面　大多数人都活在别人的人生里 / 001

序章　人生在一定程度上由心态决定 / 009

"心"比我们想象中更复杂 / 010
科学分析"不变的日常" / 012
锤炼内心只需改变"选择和行动" / 014

第 1 章　"理想人生公式"的存在 / 017

这个时代，需要寻找专属于自己的生活方式 / 018
大多数人在设定目标时就出了错 / 020
掌控理想未来需要确认两项内容 / 024

不能疲于寻找"手段" / 026

"自动地"找出实现目标的手段 / 028

做一个内心强大的人 / 030

只要提高自我认知,世界便会有所不同 / 032

第 2 章　科学地攻克人类不愿改变的本能 / 037

为什么总感觉努力与回报不成正比 / 038

感受"恒常心理"的效用 / 040

若能掌握障碍的位置,机遇自然会增加 / 042

检测机遇感知能力的小测验 / 043

逆转"色彩浴效应",走向成功 / 046

"看不到"改变自己所需要的信息 / 049

铭记"原地踏步等于退步",开始享受变化吧 / 052

第 3 章　掌握最强行动力 / 055

明确目标是一切的开始 / 056

利用"体验未来表"明确目标 / 058

大目标分解成小目标,发现"力所能及的事" / 063

"为什么要做"的答案直接关乎行动 / 065

写出"行动的理由",直面行动的原动力 / 067

变得能够主动行动的诀窍在于"视觉" / 071

每天只需欣赏一次理想的蓝图 / 074

理解记忆与行动的原理原则 / 076

欺骗大脑海马体,产生"心想事成"的错觉 / 078

科学地攻克最强劲敌——三分钟热度 / 080

新习惯的 0 秒养成法 / 083

第 4 章 活出未来的自己,现实就能紧随身后 / 087

用"没有缘由的自信"把握机遇 / 088

"自我认知"是可以主动改写的 / 091

"活出未来的自己",拳击手成功斩获金牌 / 095

未来具象化所引发的触动至关重要 / 097

可以"瞬间"重塑自我认知的"未来体验" / 099

面对现实时强烈的违和感，正是活出未来的证据 / 100

"自我肯定力"和"自我效能感"的原理 / 103

"违和感"正是站在梦想起跑线上的前兆 / 106

提高标准的理由 / 108

采访彻底改变人生的"未来的自己" / 110

第 5 章　通过自我肯定宣言，正确锤炼内心 / 115

以"确信"为名的"主观认识" / 116

为什么"主观认识"可以将不可能变为可能 / 117

理解"主观认识"的产生原理 / 120

思考变为现实的真正理由是什么 / 122

用语言的力量改变思考 / 124

"写在纸上"成为最强手段的理由 / 130

自我肯定宣言的最佳方法 / 133

将密码改成自我肯定宣言的内容 / 136

"放弃该放弃的"的思维方式 / 138

6 个提问帮你明确"应该使用什么语言" / 141

决定一辈子都不会使用的"弃语" / 142

"交际圈改变人生"是真的吗 / 145

成功实现理想的人们教会我们的 / 147

重要的是你能否感受到幸福 / 150

第 6 章　利用"强大的心态"控制情绪 / 153

认同"不安、紧张的自己" / 154

不要"在大脑里思考",要写在纸上 / 157

利用"空椅子"技术快速解决烦恼 / 161

提高"元认知能力"的训练 / 163

将注意力集中到"当下" / 165

攻破最强劲敌—缺乏自信 / 168

"真正的踏实"并非"稳定" / 172

"强大的心态"由最强的条件反射产生 / 175

练习将所有事物都放入好的框架 / 178

有意识地形成"口头禅",让内心自然而然变强大 / 181

人类有能力寻找自己设定的理由 / 183

终章　谁都无法剥夺我们获得幸福的权利 / 187

时刻铭记目标,"想尝试就马上行动" / 188

不要"为教而学",而是"为学而教" / 190

目标因更新而存在 / 192

为实现梦想永不止步 / 194

追求只属于自己的幸福 / 196

结语　不是"投机取巧",而是为了"轻松" / 201

参考文献 / 206

写在前面

大多数人都活在别人的人生里

感谢您在众多书籍中选择了这本书,我们也一直在等待着与您相遇。

选择本书的您,或许你正在经历着……

"经常因烦恼而焦躁不安,痛苦不已……"

"在意他人的目光,无法活出真正的自我……"

"总是因人际关系而情绪低落,容易陷入这种情绪怪圈中爬不出来……"

"经常会自我怀疑并扪心自问道,就这样度过一生真的好吗……"

"想在喜欢的时间、喜欢的地点做喜欢的工作,希望人生能够快乐自如……"

或许您对以上这些深有同感，每天也因此烦恼不堪。

如果是这样，我相信本书定会对您有所帮助，也希望您一定要耐心地读下去。

在这个世界上，有的人总是"很努力却总没有好的结果""付出了很多心血却没有回报"，可同样也有一些人"做任何事都能顺风顺水""轻而易举就能达成目标"，而且，前者每天被工作和生活所追赶，甚至无暇接触自己真正喜欢做的事，而后者则每天都很轻松，不会苦恼失落，在兼顾爱好的同时还能不断提高收入。

这两种人究竟差在哪里了呢？

是不是真的存在天生的、压倒性的，且无法弥补的差距呢？

不，事实表明并非如此。

其实，这两种人之间的差距，并不在于能力，而在于微乎其微的细节。

做任何事都能顺风顺水的人，他们的必备品质是什么？

我以"创造在喜欢的时间和地点，从事理想工作的自己"为理念，针对创业者、企业经营者、律师、会计师、播音员、模特、舞台剧女演员、运动员、甜点师等7200多人，在他们实现梦想、达成目标的过程中以向导的身份提供了咨询、帮助及建议，同时又对另外700多人进行了采访。

经过对共计8000多人的深入观察和了解，我发现那些做任何事都能顺风顺水的人身上是有共通点的，而这个共通点与本书的书名《心态的力量》是紧密相关的。

"如果是讨论这些唯心论，就没什么意思了。"

"'心态的力量'……太抽象了。"

您或许会这么想。

事实上，大多数自我启发类书籍，都是一些唤起式的内容，比如"变得积极主动一些吧""这是我的成功学，你也像我一样试试看吧"，很少有人会在书中明确告诉读者"具体应该怎么做？"。

当然，我并不打算对唯心论和抽象的"精神世界"进行无意义的赘述。

因为"心态的力量"是可以利用科学方法"创造"出来的。

为什么拥有"心态的力量"的人就能掌握"理想人生"呢？

因为内心强大的人并不是活在"当下的自我认知"里，而是活在目标达成后的"未来的自我认知"中。换句话说，做任何事都得心应手的人是用"未来的自己"活在当下。

详细内容我会在本书后文中进行解说，简单来说，在"日常的选择和行动造就当下现状"这一认知下，"内心脆弱＝自我认知度低"，在这种状态下的人们就会下意识地想"我肯定办不到""要是失败了可怎么办"，选择和行动就会与最早定下的目标相偏离，这样一来，最后就开始寻找"不做也无所谓的理由"！

相反地，内心强大的人决定了"以未来的自己活在当下"，就会在"如果是已经达成目标的自己，会如何思考、行动"的基准下对事情做出判断，因此凭借"现实紧跟未来的自我认知"这一信念，一切都将顺利实现。

本书会依次向大家传授如何才能使内心变强大，相信任何人都能够轻松实践。

序章中，将对"人生在一定程度上由心态决定"的理由进行解释。

第 1 章中，将对截止到目前笔者所传授的具有重现性的"理想人生公式"进行说明。实际上，就像有公式可以求出梯形面积一样，也有公式可以让我们顺利地实现目标。

第 2 章中，以"科学地攻克人类不愿改变的本能"为主题，科学地介绍"为何感觉努力了却没有回报"，以及"享受变化"的方法等。

第 3 章中，解释说明掌握"最强行动力"从而让内心强大的方法。只需制作 1 张表格就可以让你的行动力产生戏剧性的转变。

第 4 章中，解说自信的效用，同时将具体介绍应该如何实践文章中提到的"活出未来的自己，现实将随你而动"。

第 5 章中，以"正确锤炼内心"为题，解释说明借助语言的力量改变现实的科学依据，同时介绍自我肯定 (Affirmation) 宣言的最佳方法等。

负面情绪会成为"烦恼的种子"，情感控制法可以消除各种负面情绪。笔者将在第 6 章中介绍这一方法的精髓，同时解释说明当下热门话题——"元认知 (Metacognition) 能力"的训练方法。

通过以上内容的学习,你也可以简单地掌握"心态的力量"。

或许,你会觉得"自己从小就性格怯懦,抗压能力差,而且还认生,根本做不到"。

但是,没关系。

无论你多么缺乏自信,都能让你切实地,而且戏剧性地"内心强大起来",这正是本书所传达的"心态的力量"。只要你按部就班一步一个脚印地往前走,所有目标的实现都将成为可能,最终过上你理想中的生活。事实上,笔者教授本书中讲述的方法后,成功的实例数不胜数,接下来就对其中的一部分成功的人做简单的介绍。

"自21岁起就作为公司职员生活的我,在31岁时从零客户开始以咨询师的身份重新出发。从稳定的上市公司离职后,我第一次踏上'创业的道路',即使有些鲁莽,也依旧想要凭借自己的力量前进,当时我的收入只有在公司上班时的一半。就在那时,我有幸听取了星先生的建议,三个月后我的月收入达到了七位数,不知不觉中也成了众人口中的'明星指导'。选择新的生活方式时,'这条路究竟会通向哪里呢……'这种不安充斥着内心。但是,我想正是因为星先生一直坚信'因为是你,所以肯定可以做到',还有他教授的各种让内心强大的方法支撑着我,才让我拥有了现在的一切。"

(80后 创业者)

"当初开始制作服装，单纯只是因为个人爱好。不知从何时起，我便萌生了一个模糊的想法——要是可以拥有属于自己的服装品牌就好了……让我没想到的是，在遇到星先生后，我决心'活出未来的自己'，忠实地按照他所教授的内容实践，结果我的服装竟然出现在大型百货商场的橱窗里。星先生所教授的一个个方法，为我创造工作热情奠定了坚实的基础。正是因为拥有了心态的力量，所以我才能让'只选择做自己想做的事情'成为可能，而不是在他人的呼来喝去中被动地工作。现在的我，每一天都过得非常充实，成就感爆棚，就在最近还敲定了设计书的出版，不久的将来就要把我自己推广到全国各个角落。对于我来说，人生从此便拥有了一条坚定的不可动摇的中轴线。"

（80 后 自主品牌持有者）

"海外留学归来，也入职了人人皆知的上市公司，可我一直在苦恼，难道就一直这样保持现状吗？这样真的好吗？'想去做打心底里真正喜欢的工作，可又害怕打破眼下稳定的状态''想要迈出一步，却没有勇气迈出去'，我不明白到底要怎么做才能改变现实，那时的我每天心乱如麻。就在那时，我有幸认识了星先生。通过亲身实践这本书中的'未来体验表'等方法，不断提高自身行动力，锤炼内心，随后我果断从上市公司离职,转行做了从小就喜欢的戏剧方面的工作。现在的我同样是公司职员,却做着自己真正喜欢的工作,内心虽有些疑虑,担心这或许是个错误的选择,但同时也切身感受着每天的小确幸。"

(80后 男性公司职员)

这仅仅是众多实例中很小的一部分而已。想必读到这里,你应该也能想象到自己可以拥有心态的力量,掌握理想人生了吧。

你只需要按照这本书中的方法去实践。

或许你会因为太过简单而觉得扫兴。

如果一本书能帮助你解决当下的烦恼,这世上可能没有比这更好的事情了吧。所以,从今天就开始实践"心态的力量"的培养方法吧,它可以帮助你改变你的人生。

人生在一定程度上由心态决定

"心"比我们想象中更复杂

或许有些突然,现在开始向你提问。

接下来,我要用100日元玩抛硬币的游戏。

①如果正面朝上,你必须付给我1万日元[①]。

②如果反面朝上,你可以获得1万日元。

请问,你会加入这个游戏吗?

只要反面朝上,就可以无条件获得1万日元。但是,如果正面朝上,你就必须付给我1万日元。

想必,大多数人应该都会在一瞬间犹豫要不要加入吧。

那么,反面朝上时能获得的金额需要增加到多少,大家才会毫不犹豫地加入呢?

2万日元吗?

5万日元吗?

还是说10万日元?

明明只要反面朝上,就可以无条件获得收益,为什么要犹

---

① 按照2022年12月21日汇率约等于528元人民币。

豫呢？

这正是因为心理学上所说的**"损失规避法则"**[①]和**"禀赋效应"**[②]在发挥作用。

所谓的"损失规避法则"，是指"人们'遭受损失时的痛苦'比'收益'（发生好事时的喜悦）的感受要强烈两倍以上"。因此，一旦收益没有达到两倍以上，人们就不会有所行动。

而"禀赋效应"，是指人一旦拥有某个物品，对该物品（即前文举例中的1万日元）的价值评价就会高于其"实际价值"的一种心理现象。

大多数情况下，**我们容易高度评价自己已获得的事物，评估结果高于其本身价值约两倍**。换句话说，在我们眼里，手中的1万日元和2万日元具有相同的价值。如果回报没有超过2万日元的话，那么我们就会更加强烈地感受到"失去1万日元的风险"。

[①] 损失规避法则：人们面对同样数量的收益和损失时，损失所产生的痛苦，远大于获得收益时带来的快乐。损失带来的负效用为收益正效用的2至2.5倍。

[②] 禀赋效应：指当个人一旦拥有某项物品，那么他对该物品价值的评价要比未拥有之前大大提高。

科学分析"不变的日常"

在日常生活中,我们每一天所做出的各种"选择"和采取的各种"行动"都在不知不觉中被某种心理所支配着,而支配我们的大多都类似上文中的"禀赋效应",即习惯于**维持现状**。

在"损失规避法则"和"禀赋效应"的作用下,遇到"目前的状况也并不是很糟糕,有必要特意做出改变吗"的情况时,人们下意识就会觉得麻烦,也因此不愿意去行动。

这就是我们无法改变每天的选择及行动的最大的理由。

不仅如此。

一旦"损失规避法则"和"禀赋效应"产生作用,接下来等待你的将是一种叫作**"沉没成本"**[①](Sunk Cost)的心理现象。

心里总想着"好不容易×××了,真是可惜了",过分眷恋过去所花费的时间、劳力、金钱,从而无法做出最佳判断,换句话说,就是丧失了做出合理判断的能力。

---

① 沉没成本:那些发生在过去,人们无法收回或改变的付出,包括且不限于金钱、时间、精力、感情等等。人们在决定是否去做一件事情的时候,不仅是看这件事对自己有没有好处,而且也看过去是不是已经在这件事情上有过投入。

那接下来又会发生什么呢？

一旦纠结于过去，无法做出合理的判断，那么最终就会认为"当下的（一成不变的）自己是正确的"，紧接着就开始搜集能够佐证这一想法的信息。

这就是所谓的"确认偏误"[①]，又名验证性偏见，即"相信当下的自己是正确的＝搜集确凿的证据然后坚信事实正是如此"。

"损失规避法则""禀赋效应""沉没成本""确认偏误"，正是在这些无形力量的支配下，你会认为"保持现状或许也还不错"，因而最终放弃改变自己。

所以，无论到了什么时候，都没有任何改变，依旧是现在的自己，现在的生活。

即使读再多的书，去参加过多少次讲座、论坛，也不过是在原地打转，不断地重复同一件事而已。

[①] 确认偏误：当人确立了某一个信念或观念时，在收集信息和分析信息的过程中，产生的一种寻找支持这个信念的证据的倾向。

锤炼内心只需改变"选择和行动"

但是，反过来想想……

如果，无法改变自己是因为"无法放弃现在的自己"，那么只要能做到"放弃现在的自己"，换句话说只要做出不同于以前的选择和行动，你的人生就肯定会有很大的改观。

还有，如果能预知是什么在阻碍着自己的改变，那么不过就是"正如我们所料"，到那时只需要冷静地采取早已准备好的对策就可以了。这样一来，就可以轻松地做出不同于过去的选择和行动，前方等待我们的也将是另一番明媚的风景。

我的意思并不是让各位"否定现在的自己"。当然，"此刻的你"（收入、工作、地位等），正是"过去的你"的众多选择和行动所结出的"果实"。

如果，接下来你想要变成"全新的自己"，那么只要改变选择和行动，便可以获得全新的"果实"。

那么，你会怎么做呢？

其实，人生一定程度上由心态决定。内心强大的人，能够克服所有的不安，能在任何事中发挥自己的优势。

"让我们一起在月圆之夜，朝着天空中那轮明月祈祷吧。"

本书要讨论的并非是这种非科学性的东西，而是基于神经科学、心理学，以及我身边"成功改变自己的人们"的实际例子，科学、通俗地介绍如何摆脱"自己的现状"。

接下来，让我仔细为大家说明具体的原理和做法。

第 1 章

"理想人生公式"的存在

这个时代,需要寻找专属于自己的生活方式

所谓"现实",就是"把每一天都过得和以前一样"。

但是,这种"现实"是可以被改变的。

接下来,就让我们来谈谈改变"现实"的方法吧。

如果,想要改变此刻自己的"现实"……

那,你想让它变成什么样的呢?

你想实现的梦想又是什么呢?

你又想收获些什么呢?

"想变得充满自信,能够昂首挺胸、堂堂正正地与他人沟通交流。"

"想变得更受欢迎一些。"

"想在事业上做出一番成绩。"

"想加薪。"

"希望每个月都能去国外旅行。"

"想与优秀的人有一次美好的邂逅。"

……………

说到这里,我首先想告诉你的是下面这条真理。

无论是什么样的梦想，实现它所需要的东西，其实早已注定。 这是我在与 7200 多名以企业经营者、创业者为代表，包括律师、税务专家、运动员、舞台剧女演员、模特、播音员、牙医、教育机构经营者、美发沙龙老板等各行各业的人士讨论商务问题，探讨应该如何改变人生，给他们提供意见的过程中，已经验证过的事实。

> 【理想人生公式】
>
> 现实（未来）= ①目的地 × ②手段 × ③心态

你当下的现状和现实，以及接下来即将掌握的未来，都可以用这个公式来解释说明。

大多数人在设定目标时就出了错

"你的目标是什么?"

"你想实现的到底是什么?"

"一年后的今天,你想变成什么样?"

你能"立刻回答"出这些问题吗?

迄今为止,我已经为超过 7200 名来自各行各业的人士提供过咨询与建议。

他们当中也几乎没有人能"立刻回答"出这些问题。

"嗯……这个嘛……"

大多数人都没办法立刻做出回答,而是"被问到后,思考片刻后匆匆作答"。

"你的目标是什么?"

"你想实现什么?"

"一年后的今天,你想变成什么样?"

那么,"不能立刻回答"出这些提问,又意味着什么呢?

这意味着,你并不明白自己想要去向何方。

把你的人生比作一架已经离港的飞机或许会更通俗易懂一些。

飞机已经从机场起飞，开始飞行。

但是，这架飞机竟然"不知道目的地是哪里"……想必一定很可怕吧？

"一架没有目的地的飞机"，你怎么看待这个问题呢？

一架就连机长都说不出"现在飞往哪里"的飞机，你能放心乘坐吗？

"不不不，没有人会专门去坐这种飞机吧。"

感觉好像听到有人在这样反驳，可是，你的人生又如何呢？

大多数人的日常不正如那架"没有定好目的地的飞机"一般吗？

"没有目的地只是在空中盘旋的飞机"类似"过一天算一天的生活"。

那么，你又怎么能抵达目的地，实现自己的梦想呢？

来找我咨询的很多人都告诉我，他们"想在喜欢的时间、喜欢的地点，做着理想的工作以及过上理想中的生活"，而我向他们抛出的第一个提问，也是与"设定目的地"相关的。

"一年后的今天，你想变成什么样？"

听到这个提问后，任谁都会思考一下。

之后，大家的回答可谓是五花八门。

- 想涨工资；
- 想出人头地；

- 希望店里的客人能比现在更多一些；
- 想结婚；
- 想有个孩子；
- 想把公司做大做强；
- 想变成有钱人；
- 想改变自己；
- 想去国外旅行；
- 想上电视；
- 想通过试镜；
- 想扩招员工；
- 希望自己的事业能后继有人。

一年后的今天，你想变成什么样？

或许有人并不具备填写空格的环境。那么就请你试着在心里回答，或是在以下选项中做出选择。

A. 想拿到比现在更高的薪水

B. 想出人头地

C. 想收获比现在更多的幸福

D. 其他

其实，大多数人在"设定目的地"时，都在设定的方法上出现了一定的错误。

不，哪里是出现了错误，简直是把自己的梦想设定得"绝不可能实现"。

不知不觉中，就演变成了在一种很难实现的形式下规划、设计自己的目标。正因为如此，能真正掌握理想未来的人才会寥寥无几。

掌控理想未来需要确认两项内容

那么，究竟错在哪里了呢？

假设，面对"一年以后想变成什么样"这个问题，在刚刚的选项中你选择了"A. 想拿到比现在更高的薪水"……这里所说的"更高的薪水"，具体是指"想拿到（比现在）高多少的薪水"呢？

一万日元？五万日元？十万日元？一百万日元？还是一千万日元？

一年后收入提高一万日元和提高一千万日元，实现的方法和具体需要采取的行动是完全不同的。

这是理所当然的吧。

所以才说，目的地必须"明确"。

但是，很多人并不能设定出一个明确的目的地。

"想变成有钱人""想收获比现在更多的幸福""想邂逅优秀的人""想改变自己"……这些都太笼统和抽象了。

还是用飞机来举例，目标笼统就像飞机在以"南方"为终点飞行。这样的飞机，怎么可能准确无误地抵达那个"真正想去的"

机场呢。

那么，为什么飞机可以准确抵达目的地呢？

那是因为在飞行过程中，机长不停地确认飞机是不是在往目的地飞，有没有偏离航线，同时在自动驾驶或导航中设定了明确的目的地，并且从未遗忘飞机究竟在往哪里飞。

把我们的日常生活置换到这个例子当中又会如何呢？

某调查结果显示，能在每年的 12 月份还记得年初自己定下的目标的人竟然不足 10%。

这就像，飞机虽然设定好了目的地（目标），但飞着飞着就"忘记"了在往哪飞，然后还在持续飞行。

这样的话，不能抵达目的地也是在情理之中了。

所以，我在与企业经营者进行一对一咨询，或者约见客户时，为了防止他们忘记自己的目标，一定会问到他们的问题就是："此刻的你在朝着哪里努力？"

为了让这架名为"你"的飞机能够准确抵达目的地，下面两点也是非常重要的：

①设定唯一的、极其明确且具体的目的地。
②注意力要时常集中在设定的目的地上避免遗忘。

不能疲于寻找"手段"

为了改变自己、实现梦想、达成目标,"手段""方法"是不可或缺的。

如果把"明确的目的地"比作想要着陆的机场,那么"手段"就是要飞抵那个机场所需的"飞机本体"了。

当然,目的地不同,手段自然也会不同。这和想要着陆的机场有多远,所需的飞机也会不同是同一个道理。

比如,从羽田机场飞到大阪国际机场的飞机是绝不可能从羽田机场飞到纽约的。要飞到大阪国际机场所需的燃料量和要飞到纽约所需的燃料量是完全不同的。当然,如果要去纽约,那么这架飞机(手段)就必须能容纳飞到纽约所需的燃料量。

"年收入提高100万日元"和"年收入提高1000万日元",要实现这两个目标所需的手段自然也是不同的。

综上所述,目的地决定手段。

但是,很多人对"手段"根本一窍不通。

所以,才会把"想试着×××,可不知道该怎么做"当作改变自己所需的核心内容和最大困难。

"改变现在的自己吧。"

"让自己的未来变得更加精彩吧。"

"实现梦想吧。"

"可是,不知道该怎么做才能实现……"

"不,如果都不知道该怎么做,那么我就是无法改变的!"

大多数人固守这种思维,不愿改变。

事实上,在本书所讲述的"掌握理想人生的方法"中的"手段"并不是最重要的部分。

"自动地"找出实现目标的手段

为什么说"手段"并不是最重要的呢?

理由有三点。

第一,如果没有设定具体的"目的地",本来就无法导出"手段"。错误地设定了,或是遗忘了公式中的"①目的地"……总之,这些都是在"思考手段之前就已经显现的问题"。如果不知道想降落在哪个机场,就不可能知道应该选择什么样的飞机才能抵达。

第二,即便目的地已经明确,"当下的你"无论如何都不可能知道抵达终点的手段是什么。

这样说或许显得有些过于残酷,但是原本就对前往目的地的方法处于"未知状态"的你,即便是想破脑袋,也找不到前往的方法(手段)。

明明就不知道,还要思考"到底要怎么做才能成功呢"。

这就好比,你压根就不懂三角形面积的公式,还要闷头盯着眼前的三角形,思考"怎么样才能算出这个三角形的面积呢"。退一万步说,你凭借自己的力量费尽心力得出了计算三角形面积的公式,最终算出了答案,但所耗费的时间是非常多的,而且在这里所花费的时间是何等浪费，想必不需要我做过多说明了吧。

今后你想要前往的"目的地"（或者说你想实现的梦想等），一定是你还未去过的地方，所以不知道该如何才能抵达，也是在情理之中。

第三个理由，是第二个理由的延续。

即，"还有其他事情要去做"。

先从结论说起，"手段"是在将公式中的"③心态"变得强大后，可以通过提高行动力，主动寻找的东西。你实现梦想所需的"手段"，并不是通过"思考得出"的。

但是，以认真仔细著称的日本人，总觉得手段"必须靠自己思考得出"，所以在实现梦想的路上做了很多无用功，白白浪费了许多时间。

这不是凭借自己的力量计算得出三角形面积的故事，无论你再怎么冥思苦想，也还是思考不出方法是什么。最终，一切都和现在一样。独自纠结于方法论，一切都不会改变，这是大多数人身上的真实现象。

关于"如何提高行动力"，我将在第3章进行解释，在这里大家只要记住：不需要自己思考"手段"是什么，只要知道它的重要程度"最低"就可以了。

做一个内心强大的人

最后,我们来说说"③心态"吧。

仅在各种培训、演讲中,我就已经对超过7200人教授、讲解了有关创业、管理,以及自我变革、领导力、团队协作等方面的知识,而且让我的客户以超高效率在6个月内便实现了他们原本设定好要在1年以后达成的目标。

・曾宣称要在一年内结婚的"35岁+"女性在半年后便步入了婚姻殿堂。

・以企业走出国门为目标的企业经营者,成功地把事业做到了夏威夷。

・原本没有一个学生的甜点教室,变得超受欢迎,国内外的学生都争相前来报名参加。

・拥有三个孩子的家庭主妇成功出版了自己的书籍。

・原本只是一名普通文员的26岁女性,成功创办了自己的公司,年销售额高达1亿日元。

令人欢欣鼓舞的成功事例数不胜数。

为什么我可以引导众多客户达成目标呢?

那是因为，除了对他们提供商务等专业领域的建议帮助以外，我最重视的是客户的"心态"部分。近几年来，"心态"领域逐渐被人们重视，就连奥运会的奖牌得主们都配有专业的心理辅导师。

这里所说的"心态"，即为"心"，而"心的状态"是由"自我认知"所产生的。所谓的"自我认知"，是指主体对照自我或他人的标准，决定自我的价值。

那么，"决定自我价值"的自我认知是在哪里进行的呢？正是"大脑"。我们的大脑，会对自己是什么样的人，拥有什么价值进行判断，并在此基础上做出与之相符的行动。

总之，我们可以把所谓的"心态"，理解为"心"或"自我认知"，抑或是"大脑"。正因为此，才可以断言公式中的"③心态"是最关键的因素。

正如前面所说明的那样，本书将立足于"思考和感情是由大脑所产生的"这一观点，在"心＝大脑"的定义下，继续进行解读。

只要提高自我认知,世界便会有所不同

请你试着想象一下。

你是一名驾驶飞机的机长。

此次飞行的目的地很明确,是丹尼尔·健·井上国际机场①(美国檀香山国际机场),飞机将从成田机场②起飞,你所要驾驶的飞机在性能上也没有问题,完全可以安全飞抵夏威夷檀香山。

但是,假设你的自我认知是以下这种状态的话,会怎样呢?

"这么快就要起飞了吗……说实话,我真的很怕自己驾驭不了这架飞机,而且我也不知道该如何操作。我从来就不觉得自己具备驾驶飞机的资格,更没有自信可以安全抵达檀香山。万一中途出了什么意外,我可没办法处理,也负不起这个责

---

① 丹尼尔·健·井上国际机场:原称"火奴鲁鲁国际机场",中国常称"檀香山国际机场",位于美利坚合众国夏威夷州瓦胡岛火奴鲁鲁郡火奴鲁鲁市,东南距火奴鲁鲁市中心10千米;以夏威夷州第一位美国联邦众议员丹尼尔·井上的名字命名。

② 成田机场:位于日本国千叶县成田市,西距东京都中心63.5千米,为4F级国际机场、国际航空枢纽、日本国家中心机场。

任。"

如果是这样，即便"目的地"再怎么明确，即便已经掌握了某些"手段"，依旧无法付诸"行动"。

而且，在这个例子当中，手段也已经具备了，但现实生活中更常见的是，我们或许一直处于低自我认知的状态，这种认知会使我们先入为主地认为"自己不可能办得到"，以及不会去找寻合适的手段，找寻的全部都是"将自己的不作为合理化的理由。"

假设已经找到了合适的"手段"，但将其付诸行动的也是"自己"。即使目的地已经明确，也知道前往目的地的手段是什么，但如果自我认知低的话，就不会付诸行动，即无法"实践"。假若不能"实践"，那么现实就不会有任何改变。所以，直接影响能否实践的，正是"自我认知"。

"如果是我出马，肯定可以做到""如果我不做，那么谁来做"；"我做不到""让我来做还有些为时过早"。

这两种不同的自我认知下，哪一种可以促使我们付诸行动，哪一种让我们迟迟无法迈开步子，想必已是一目了然吧。

实际上，在这里有一个"陷阱"，也是那些小有成就的人最容易掉落的。

很多人都会觉得，一旦形成了与抵达目的地相符的"自我认知"，那么就万事大吉了，这是一个很大的误区。到达目的地后，如果一直保持"抵达该目的地所需的自我认知"，就会再次陷入那一刻的"现实"，无法脱身。

飞机即使抵达了目的地，也并不代表一切就到此结束了。

没错，要朝着"下一个目的地"继续起飞。

那么，就需要一个与下一个目的地相符合的"自我认知"。所以，**必须时常更新自我认知**，否则会无法飞往新的目的地，最终只能蛰伏在"那个地方"。

因此，为了"持续改变"自己的现实和未来，最关键的便是关注心态的源泉——自我认知。

因此，**你应该需要注意的是，心态 = 自我认知。**

请首先铭记这一点。

第1章 总结

没有定好目的地的飞机，哪里都去不了。

目的地必须具体到"×××机场"，并时常密切关注。

不需要自己去思考"怎么样才能做到"。

再怎么思考，"当下的自己"也无法得出答案。

如果不改变"自我认知"，即使万事俱备，人生也不会有任何改变。

第 2 章

科学地攻克人类不愿改变的本能

为什么总感觉努力与回报不成正比

"听你这么一说,我也能明白。可实际就是怎么也做不到啊……"

这或许是很多人都有的烦恼吧。

在上一章中,我们已经明白改变自身的"设定",掌握理想人生的公式、方法。但是,道理是明白了,可还是很难改变自己,迟迟无法迈出第一步……

我想,这世上的大多数人都是如此吧。

那么,为什么"即使理解了(方法),依旧没有任何改变呢"?

其实,原因也很简单。

仔细观察那些总想着"改变自己""尝试些新事物"的人的行动方式,答案自然就很清楚了。

"一直在为'找寻改变自己的方法'而努力"。

这便是,总想着要改变自己却迟迟未有成效的重要原因。

其实,学习改变自己的办法,并不是什么坏事。

问题的关键在于,人们从来不去理解"为什么没有任何改观""究竟是什么在阻碍我们变化",只是单纯地"一心求改变",

正因为此，无论到何时都不会有显著的变化。

那么，不理解"为什么没有任何改观""究竟是什么在阻碍我们变化"，只是一味地努力到底是一种什么情况呢？

打个比方，假设这里有一个"破了洞的桶"。

你想给这个桶里装满水，可压根没有注意到桶里有个洞，只是闷头一个劲地往桶里灌水。

结果自然不言而喻——不管过了多久，这个桶都不会装满水。

所谓的不理解"为什么没有任何改观""究竟是什么在阻碍我们变化"，"只是一味地努力"其实正是如此。

那么，如何才能在最短时间内给破了洞的桶装满水呢？

没错，堵住桶里的洞。

也就是说，理解桶里破了个洞（阻碍我们改变的力量），然后若能堵住这个洞（使其无效），那么装满水（自己能有所改变）便快了许多。

这里的"注水"即为"改变自己的行动"。

大多数人的问题就在于没有发现桶里有个洞，只是"拼命"给桶里注水。

如果此刻的你想要改变自己，那么就不要仅仅学习"改变自己的方法"，也要去理解理解"阻碍变化的力量"究竟是什么，同时需要准备好相应的应对措施。

因为，只有这样才能更加快速地达成目标。

感受"恒常心理"的效用

那么,你认为究竟是什么在妨碍你有所改变呢?

正是你的"大脑"。

活在这个世上,大脑最优先考虑的是什么,你是否思考过这个问题?

为了继续活在这个世上,你的大脑认为最关键的是……

"生存"。

也就是说,你的大脑最优先考虑的是"如何维持你的生命"。

所以,如果你"现在还活着",大脑就会在你想要有些什么新的开始,或是想要挑战些什么的时候,千方百计地妨碍你,目的只有一个——不让你有任何变化。

反正"现在这种状态下"也可以生存,何必要改变些什么呢。"求你了,别去挑战什么了,总归都是些毫无意义的闲事!"……你的大脑不断地发送这种信号。

人们在想要开始做些什么的时候,会感到"不安"或是"孤单",会去找一些自己做不到的"理由",证明自己做不到,抑或是突然间对做过类似尝试但以失败告终的例子变得敏感,总之大脑会想方设法努力阻止你有所改变。

你应该也有类似的经历吧。

当然，我也一样，我的客户中取得了辉煌成就的人亦是如此。

这种大脑"阻止变化的效用"，专业名称为"恒常心理"[①](Homeostasis)。

很遗憾的是，你的大脑最优先的想法便是"保持此刻的你不变"。

恒常心理才是"阻止你有所改变的最强大的力量"。

这里很重要的一点，是首先要理解"在你想要有所改变时，恒常心理会产生作用"这一事实。

对这一事实的理解与否，决定了你下一步会采取什么样的行动。

我在想要尝试些什么新事物的时候，也会感到不安和紧张。

但是，那时我就会想"啊，这是恒常心理起作用了"，这样一来我马上就会冷静下来。如果不知道恒常心理的存在，就会被当时的不安和紧张所迷惑，变得彷徨迷茫，不知所措。

在将改变自己付诸行动之前，先去了解妨碍你变化的力量是什么，那么你实现梦想的速度自然会变快许多。

没错，就是要尽早发现"桶里的洞"。

---

① 恒常心理：当客观条件在一定的范围内改变时，我们的感官系统在相当程度上却保持着它的稳定性，也称为知觉恒常性。

若能掌握障碍的位置，机遇自然会增加

如果已经清楚地认识到了有障碍物在妨碍着我们的改变，那么为了实现梦想，我们所采取的行动将会与过去截然不同。

假如障碍物已经被清理掉了，那么接下来只要去思考"如何才能找到我们需要的信息和机遇就可以了。"

"某某抓住重大机遇，走上了人生巅峰"，想必你之前应该对类似消息有所耳闻吧。

那么传闻中的某某，是恰巧遇到了机会呢，还是单纯因为运气好呢？

当然，也有"偶然""运气"的因素，但也并不局限于此。

为什么实现了梦想的人们就能迎来机遇呢？

这是有明确的原因的。

因为他们具备感知机遇的能力，擅长发现和捕捉关系到自我梦想的机遇和机会。

别人察觉不到的机会，他们就可以捕捉得到。

这是"达成目标""实现梦想""成就伟业""成功"的重要原因。

检测机遇感知能力的小测验

或许你已经具备了识别机遇的能力,能够发现、捕捉到帮助你实现梦想的信息和机遇。

接下来我们来做个小测验吧,测试一下你的机遇感知能力。

请回答下面的问题。

【提问】你是一个什么样的人?请列举出 10 个答案。

-
-
-
-
-
-

-

-

-

-

好了，10个答案全都写出来了吗？（没能写下答案的人，请至少在心里默念出三个"自己是什么样的人"的答案）刚才请你列举出的答案正是"你对自己目前现状的评价"。譬如：

- 性格温和；
- 认真踏实；
- 孝顺；
- 工作能力强；
- 会照顾后辈；
- 擅长运动；
- 喜欢独处；
- 热爱工作；
- 讨厌工作；
- 爱憎分明；

- 同龄人中最有出息；
- 和客户关系融洽，备受客户青睐；
- 颜值高。

其实，这个问题并没有所谓的标准答案，什么样的答案都可以。重要的是通过这个问题明确你是如何评价现在的自己的。

其次，写出的答案＝自我认知，是否与第1章中解说的公式中的"③心态"相符，这也是极为关键的。

> 【理想人生公式】
>
> 现实（未来）＝ ①目的地 × ②手段 × ③心态

在前面的内容中，我们提到"心态即自我认知，如果自我认知不完善，即使目的地和手段都已经明确，也是无法付诸行动的"。

那么，你的自我认知是否能够带你抵达目的地呢？是否能够让你朝着既定的目标"动起来"呢？

假设，你想"辞掉公司的工作，自主创业"，那么在刚刚"你是一个什么样的人"的提问中，至少应该有一个答案需要体现出你是一个"能够独立且会成功"的人。例如，"和客户关系融洽""喜欢独处"等，应该出现这类回答。

逆转"色彩浴效应",走向成功

那么,如果"自我认知"与你的"目的地"不符时,又会怎么样呢?

我们先来做一个小实验吧。

【实验】

① 请在接下来的 5 秒内,请数一数你周围有多少个"红色物体"。

② 5 秒过后,请写下有多少个红色的物体。

预备,开始!

好的,5 秒时间到……

提问有多少个红色物体?(　　　)个

视线暂时不要离开这道题目。

请继续回答下一个问题。

提问有多少个黄色物体?(　　　)个

视线不要离开这道题目,请努力回想有多少个黄色物体。

根本就没有黄色物体?真的吗?

那么，请抬起头来，确认一下到底有多少个黄色物体。

感觉如何？

恐怕在寻找"红色物体"的时候，你压根就"没有把黄色物体放在眼里"吧。

被问到有多少个黄色物体，回答"一个也没有"的人，在抬起头之后，应该也找到了几个吧。

人类的大脑利用五感在 1 秒内可以发现约 2000 个信息，如看见 ××、很热、起风了、有些口渴、河水潺潺等。

那么，如此庞大的信息量，又有多少个能被真正"理解"呢？

整整 2000 多个信息，当然不可能全都被理解。

不可能理解所有信息，也就意味着你的大脑会在 2000 个信息中，以"需要理解这个"为基准，**筛选出自己"需要理解的信息"**。

虽然会有微妙的个人差异，但据说正常情况下，人类可以同时理解的信息数只有 8~16 个。**大脑的网状活化系统**[①]**(Reticular activating system) 会在我们全身感受到的所有信息中筛选哪些信息是需要被理解和认识的。**

这就是为什么当需要理解的信息是"红色物体"时，你就只能看到"红色物体"。

---

① 网状活化系统：在脑干（即中脑、脑桥和延髓）中央部分的类似蜘蛛网的神经结构。由灰质和白质混合组成。

那么，在日常生活中，大脑会将什么样的信息判定为"需要优先理解的"呢？

当然是"对于你来说重要的信息"。

假设，当你"想要一块劳力士的手表"时，就会感觉周围戴劳力士手表的人突然变多了，好像这个品牌的手表突然变得很显眼……

当然，并不是戴劳力士手表的人真的突然变多了。只不过是因为以前劳力士手表对于你来说是"非重要信息"，而那些戴劳力士手表的人原本就在你周围。

你应该也有类似的体会吧。

就像刚才实验中的"黄色物体"一样，它原本就在那里，但由于不是重要信息，所以大脑认为没有理解的必要，便对其视而不见。

这种现象就叫作"色彩浴效应"[①]。

[①] 色彩浴效应：一旦意识到某件事，就好像沐浴在特定的颜色中一样，相关信息会不断涌现并聚集在周围。

"看不到"改变自己所需要的信息

如果把这个代入"改变你的人生",又会如何呢?

正如上文中所提到的那样,对于你的大脑来说,最重要的就是"生存"。

大脑受恒常心理的影响,"为了生存",会对改变产生抵触情绪。因为你的大脑只会去理解你所认为的,最符合"此刻的你"的信息。

刚刚提出了一个"你是一个什么样的人"的问题。于是你的大脑就会认为你的答案就是"自我认知"。

因为你的大脑"不希望你有所改变",所以为了不让你改变,会提高与自我认知相符合的信息的重要程度,让你理解。

也就是说,"你所看到的,都是建立在你的自我认知的基础之上的"。

反过来说,即使你想要实现什么,想要改变自己、想提高收入、想结婚、想收获幸福……如果没有与实现这些相符合的自我认知,就像刚才实验中的黄色物体一样,你就不会发现、捕捉到相应的机会和机遇。

这叫作"心理盲点"(Scotoma)。Scotoma源自希腊语，意为"盲点"，原本是个眼科用词，多指视觉盲点。与之类似，人们把因心理作用，"看不到"应有信息的状态称为心理盲点。

实验中（46页）寻找的"红色物体"就是"目前的自我认知下所看到的世界"，"黄色物体"则为"要变成全新的自己所需要的信息"。

你要实现梦想，或是改变自己所需要的信息其实就近在眼前，只不过是你"没有看见"而已。

第1章中之所以说"手段"是会自动出现的，原因也在于此。

也就是说，如果你的自我认知与自己的目标不匹配，那么你的状态就决定了你无法找到改变自己的方法。

那么，为了理解、认识实现梦想所需要的信息，你应该怎么做呢？

方法其实很简单。

即，从一开始就去发现、理解黄色物体。

还是用刚才的例子来进行说明。

"红色物体"即为了让你认识到目前的自我认知是正确的，"不让你有所改变"的信息。

"黄色物体"即"能够让你自动地产生变化"的重要信息。

如果是这样的话，形成一种"与你的自我认知相符的信息是黄色的"状态就可以了。

这样一来，便可以从一开始就发现、理解黄色物体，即做出改变所需要的信息。

总而言之，要发现、捕捉你实现梦想所需的机会和机遇，根源在于自我认知。如果不改变自我认知，就永远无法走出不尽如人意的日常。

铭记"原地踏步等于退步",开始享受变化吧

假如不去改变问题的根源——自我认知,又会怎么样呢?

· 每天所获得的信息都一成不变。不能发现、捕捉做出改变所需的机遇和机会。

↓

· 保持"我没有能力、我不行、我不能××"的自我认知,重复着相同的每一天。

↓

· 基于这种自我认知发现、理解信息并行动。

↓

· 日复一日,日日如昨。过去可以做到的事依旧可以做到,做不到的依旧做不到,重复"体会"着这种结果。

↓

· "啊,我果然就是这种人",不断"强化"此刻的自我认知。

一旦陷入这种循环,就会反复强化"维持现状"的自我认知,永远无法摆脱不尽如人意的日常。

但是，只要能把握本质，"改变自我认知"，就能从根本上打破这种循环。

从下一章开始，我们要谈一谈，为了改变自我认知，应该"以什么顺序""怎么做"。

第2章 总结

并不是"只要努力就可以"。

如果"努力是一件痛苦的事情",那么将没有任何意义。

认识到阻止你改变的力量——"恒常心理"的存在。

改变人生所需要的信息近在眼前。

如果不改变"自我认知",就永远无法走出不尽如人意的日常。

第 3 章

掌握最强行动力

明确目标是一切的开始

·如果不改变自我认知,你就永远无法发现、认识与你的梦想相关的信息、机遇、机会和方法。

·所以,必须改变自我认知。

假若已经理解了这一机制,那么就赶快改变你的自我认知吧。

接下来,你需要立刻着手的事情是……

明确"目的地",即弄清楚"自己到底想去哪里""想实现什么""想收获些什么"。

对于你来说,最佳的自我认知必须能够带你抵达"期望中的目的地"。因此,如果不明确"你想实现什么""想收获什么",则无法设定自我认知。

"在同期进入公司的同事中,以最快速度晋升为董事""辞掉公司的工作后自主创业,公司成立后第一年的交易额就超过了1亿日元""成为自由播音员,有幸与偶像共事""从一名普通的家庭主妇摇身一变成为超受欢迎的读者模特"……

我的客户活跃在各行各业,成功实现了各自多种多样的梦想，但是不论是谁，第一步要做的就是"明确目的地"，这也是没有例外的。

但是，并不是简单地"不管三七二十一赶快定个目标"，希望你能耐着性子继续往下读。

要最先明确目的地的原因，用"车载导航"和"谷歌地图"来举例说明应该很容易理解。

其实，大脑的结构和它们完全一样。

使用车载导航和谷歌地图时，首先要做的是什么呢？

没错，是"设置目的地"。

"请输入目的地。"

一切都由此开始。在车载导航和谷歌地图里，需要输入的并不是类似于"南方"等笼统的目的地，而是明确的"独一无二的地址"。只要输入了地址，系统就会自动指导我们应该如何行驶："右转""请保持直行""前方有右转专用道，请靠右行驶"等，会不断提供各种必要信息。

与车载导航扮演着相同角色的是大脑中名为"网状活化系统"的区域。幸运的是，人类的大脑本身就具备强大的"GPS功能"。

但是，反过来说，这就意味着"如果没有设置明确的目的地，就无法启动导航功能"，明明只要输入了终点，大脑就会"自动"为我们导航，可惜……

因此，"设定明确的目的地"是一切的开始。

利用"体验未来表"明确目标

那么,我们就来明确一下你的目标,明确一下在引导下才能抵达的目的地。为了帮助客户"收获理想人生""实现自我追求",截至目前,我已经在7200多人身上实践过这一方法。

具体要做的,就是把你5年后、3年后、1年后、半年后想要实现的目标都写下来。

但是,不能浮想联翩地想到哪就写到哪。

请务必在仔细阅读过注意事项后再提笔填写。

【注意事项】

①必须采用"完成时"填写。

比如,要写成"月收入达到了50万日元",而不是"希望月收入可以涨到50万日元"。如果不用完成时,写成类似于梦想的"希望××",那么你的大脑就会形成"希望××=现有能力不足以实现目标"的自我认知。这样一来,它就不会认识、捕捉"月收入50万日元的你"的相关信息,而是提高"月收入未达到50万日元的你"的信息的优先度。

②填写时,务必保证"可评价"。

"可评价"具体是指什么呢?

举个例子,你想在 3 年后实现的目标是"家人的生活比现在更幸福"。那么,3 年后,"家人的生活究竟是不是比现在更幸福"应该如何判断呢?

"一家人都无病无灾,健健康康的",这样算幸福吗?"有了宝宝"算幸福吗?还是说,"每年去国外旅游一星期"算幸福呢?

总之,如果不能以可评价的形式明确"怎么样算是幸福",就等同于没有目标。

再次回到车载导航的例子上,只输入"东京"也是不行的。输入的地点必须保证可以评价出"这里就是目的地",否则很有可能无法到达真正想去的地方。东京站在东京,新宿和涩谷在东京,能够欣赏自然景观的高尾山也在东京。"到达的地点与预想有偏差"="没有真正实现目标",也可以说问题的症结在于当事人输入错误。

"不知道是否到达"的状态是最含糊不清的,也是最让人有压力的,填写时要务必保证可评价,即能够明确地看出"这样就算是到达目的地了"。

③填写时,可不受任何条件限制。

这是最关键的注意事项,"不受任何条件限制"具体是指什么呢?

就好比,"眼前有位魔法师,他告诉你'5 年后、3 年后、1 年后、半年后的所有梦想,我都可以帮你实现',这时你的回答会是什么"。

假如你的梦想是"希望 5 年后可以获得 100 亿日元资产",那么就请写"获得了 100 亿日元资产"。如果,你是"真的"这样期望的话,那么梦想就会实现,但是只要你有一丝的动摇,认为"不,我还是不行吧……"或是"其实也不需要这么多……",那么梦想就会落空。

在这一刻,不要思前想后为自己设限。你的目标是否真的可以获得大脑的认可,从而促使你有所行动,之后很快就会有答案,所以目前还是请在没有任何制约的前提下写出你的目标。

①时间:10 分钟。

②请按照 5 年后、3 年后、半年后的顺序,分别列出目标。

目标可涉及工作、金钱、个人隐私、家人等任何方面。

体验未来表(10 分钟)

5 年后我实现了以下目标

> 1 年后我实现了以下目标

> 3 年后我实现了以下目标

> 半年后我实现了以下目标

感觉如何?

这就是你的"体验未来表"。

没有时间填写表格的人,请在心中回答"5 年后我实现了××""3 年后我实现了××""1 年后我实现了××""半年后我实现了××"之后再继续往下读。

建议您出声作答。

出声作答时,认知答案的器官就不仅仅是眼睛(视觉)了,也会用到耳朵(听觉),因为会听到自己的声音。这样一来,可以更加刺激脑部神经,明确的"目的地"就会以更高的优先度刻录在你的大脑中。

大多数人应该都"没能在10分钟内写下所有内容"吧。事实上,过去我曾经让数千人做过这项工作,从来没有人能够在10分钟内完美地填写所有项目。

但是,正如前面所提到的那样,10分钟内写不出来就意味着**"目的地不明确"或者说"忘记了目的地"**。所以借此机会,让我们一起来好好地制定一下目标吧。

大目标分解成小目标,发现"力所能及的事"

为什么,在"体验未来表"中要从最遥远的"5 年后"开始,以倒序方式,依次填写 3 年后、1 年后、半年后的目标呢?

"因为目标只有在有计划地反推的情况下才能实现,事实真的如此吗?"

确实如此。但这并不是唯一的原因。

描绘出大的目标,接着将其"细化",朝着"这种程度的话可以马上做到"的方向,才会更容易让自己付诸行动。

"将目标细化分解,进而实现大大的梦想。"

有这样一个实例可以很通俗易懂地解释这一道理。

20 世纪 20 年代后期,日本还没有实现汽车的国产化。

在无法自主生产汽车的年代,你知道日本的技术专家们是如何掌握汽车制造技术的吗?

当然,他们开展了多项研究开发工作,其中一项就是"购入美国生产的汽车,然后将其拆卸分解至每一颗螺丝钉"。

只是观察组装完成的成品汽车,完全无法想象"要怎么样才能制作出这种模样的东西"。但是,分解到每一颗螺丝钉,就会发现"这颗螺丝钉"我们还是可以制作出来的。

当然，汽车的零部件有成百上千个，也有比螺丝钉的构造更复杂的部件。要制造"汽车"这种看起来让人不知该如何下手的大块头，**在分解细化之后可以找到我们"力所能及的事"**，而这些"力所能及的事"又确确实实是制造大块头（汽车）所必需的部分。

所以，在填写"体验未来表"时，也是先从"5年后"的大目标开始，然后将其逐步分解细化至半年后的小目标。

如果觉得半年后的目标还是有些太大，那就可以继续分解，细化到自己可以挑战实践的程度，效果会更好。

"为什么要做"的答案直接关乎行动

"体验未来表"已经填好,那么接下来有一个很重要的提问需要回答。

根据你的答案,刚才填好的内容也许会全部发生变化。说不定你写下的梦想会"提前"实现。

那么,问题来了。

【提问】你为什么想要实现这个梦想?

请依次回答"为什么想实现"5年后、3年后、1年后、半年后的目标。

你的答案是什么呢?

事实上,为了过上理想中的生活,比起"想实现什么",更重要的应该是"为什么想实现它"。

原因就在于,这个"为什么"的答案直接关乎你的行动。

"为了实现些什么而行动。"

听起来好像很简单,但这对普通人来说是件很麻烦的事情。不过,原因在于"维持现状"的恒常心理,所以这也是无可奈何的事。

本身在"想改变自己""有梦想"的人群里，有80%的人甚至根本都不会迈出"行动"的第一步，而剩下20%的人即使开始行动了，大多数也无法坚持下去直到梦想实现。几乎所有人都会在梦想实现之前就举手投降。

我并不打算在这里讨论"别放弃""不管遇到什么困难都要继续加油啊"之类的毅力论。

归根结底，咬牙坚持的行动总归不能长久，因为只有乐在其中才能所向披靡。

打个比方，有两名正在打电竞的小学生。其中一名并不喜欢电竞，是父母让他做这个，才很不情愿地在玩儿。但另一名并没有受到谁的指示，玩得非常起劲。谁才能长时间坚持玩电竞呢？又是谁能更快地玩得熟练，成为高手呢？想必不用多说，肯定是后者了。

面对自己的改变和挑战，有人感到不安和恐惧，也有人感到兴奋……这两者之间的差异究竟从何而来呢？

没错，正是"行动的理由"。

如果你回答不上"为什么要实现"你所写下的"梦想"，等于没有"行动的理由"，那么作为目的地来说，你的"梦想"还有些"不够格"。

如果没有行动的理由，那么成功的概率也会降低吧。换句话说，还没有找到"行动的理由"也就代表时机还不成熟。

写出"行动的理由",直面行动的原动力

其实,我也是一个迟迟找不到"行动的理由"的人。

为了让大家更加深入地理解"行动的理由",在这里简单地介绍一下我的亲身经历。

原本,我只是一名普普通通的公司员工。

从中学时代起,我就有一个很模糊的梦想——"成为社长"。到了找工作的时候,我也向研究室的教授表达了想要创业的想法。当时,教授说,"既然是这样,那我建议你先去其他大公司工作看看。"因为"比起去那些小型风险企业,见证企业的成长,观察管理方式、制度等,去已经相对成熟的大型企业会更有帮助"。

听了这番话,我也觉得很有道理,便入职了一家大型财产保险公司,成了一名综合岗职员。

入职后我的第一个派遣地就是岩手县盛冈市,幸运的是在那里我也做出了一些成绩,不知从什么时候开始,"创业"的想法也渐渐变得不那么强烈,想着要不就继续在这家公司干下去,升职加薪或许也是个不错的选择。也就是说,我没有找到创业的"理

由",最终也没能有所行动。

在第一个派遣地工作的第五年,我接到了有关人事调动的非正式通知,我要被调到东京总公司,统管全国的销售工作,可以说是世人眼中的"升迁"。

"公司职员也还不错,要不就这么继续做下去吧。"

我是在2011年3月11日下午1点30分左右接到了非正式的人事调动通知的,随即便产生了这样的想法。那一天,我也和往常一样,在岩手县内走访客户。

接着,下午2点46分,发生了东日本大地震[①]。

幸运的是,我当时身处岩手县离海岸较远的内陆地区,并没有受到海啸的影响,但是也亲身感受到了6级地震的强烈晃动。当时我正在开车,立马紧急刹车将车停了下来。我眼睁睁看着电杆倾倒,地面裂缝,附近建筑物的墙壁也被震塌了,紧接着就经历了断水断电的灾后生活。即便如此,令人感到庆幸的是,我住的地方基础设施恢复得还算比较快,震后3天便恢复了电力供应。

但是,在那之后才是真正的苦战。

受理地震保险、海啸保险的正是我所供职的财产保险公司,而且我所在的岩手县,众所周知,沿岸地区受海啸袭击,几乎被

[①] 东日本大地震:也称3·11日本地震,为日本历史第五大地震。此次地震引发的巨大海啸对日本东北部岩手县、宫城县、福岛县等地造成毁灭性破坏,并引发福岛第一核电站核泄漏。

夷为平地。因为通信中断的缘故，为了确认准确的受灾状况，同时支援抢险救灾，在震后第五天我就被派到了位于岩手县沿岸的釜石市大槌町。

到了受灾地区，目光所及已是废墟一片，自卫队员们忙碌在救援一线。就在昨天，这里的街道还一片繁华、好不热闹，可如今却……

目睹的震后情景至今还历历在目。

当时我想到的是，"你永远不知道到意外什么时候会来临。既然如此，就不要留下'要是那样做了就好了'的遗憾。去做你真正想做的事情，好好珍惜时光吧。"

去经历没有遗憾的人生吧。做好"随时可以死去"的心理准备，用自己真正想做的事、喜欢的事去填满人生的每一分每一秒。

正是在这样的想法下，我从公司辞职开始自主创业，并将这个想法归纳为"创造在喜欢的时间、喜欢的地点，做着理想工作的自己"，才有了现在的工作、活动。

实现所有梦想所必需的"行动力"的源泉……正是"行动的理由"。

那么，再问一次同样的问题。

"你为什么要实现这个梦想？"

请回过头看看自己的"体验未来表"。

请从 5 年后、3 年后、1 年后、半年后，选择一个你最想实现的目标，在旁边写下"为什么"。可以不涉及所有项目。

顺便说一句，这个理由一开始并不需要多么"高大上"。我在半年后、1年后的表格中写下的理由，也不过是"因为只想做自己喜欢的事""因为想让别人觉得我很厉害""因为想过得奢侈一些"之类的东西。

只要你写下的理由能够促使你行动起来，那就够了。反正，只要有了这种"肤浅的"动机，就能找到下一个行动的理由了。

那么，你行动的理由又是什么呢？

变得能够主动行动的诀窍在于"视觉"

你已经填写了"体验未来表",明确了目的地。

接着,也配合着这个目的地,想明白了"为什么要实现这个梦想",明确了"行动的理由"。

那么,从现在开始,就让我们鼓起干劲,凭借勇气和毅力行动起来吧!

……我并不会这么说。

为什么呢?因为只要设定好了掌握理想人生的公式,接下来就和勇气、毅力之类的没有关系了。一旦克服了心理盲点,自然就能看见和你的梦想相关的手段和所需的信息。

没错,只要明确了"应该做些什么"才能实现自己的梦想,就像拿到新游戏的孩子一般,自然就会行动起来吧。

那么,你的大脑究竟如何才能重新梳理那些"对于你来说重要的信息"的优先顺序呢?

首先,请想象一下接下来你要玩益智拼图,这是一副要把数百件零片拼凑起来才能完成的拼图。

打开盒子,取出散乱的零片,想着赶快开始吧,打算看看盒子上的效果图……结果盒子表面一片空白，什么都没有。重新在盒子里翻找，也没有图纸！

这下可糟了。虽然没有图纸并不代表"根本无法完成"拼图，但是肯定要花费庞大的时间和人力。

也就是说，如果对"效果图"没有一个具体的认识，要想实现你的梦想可能需要付出很多，而且那些付出很有可能会成为你在实现梦想的道路上感到挫败，随即放弃的原因。

既然如此，就应该尽快准备好效果图。

那么，你填写的"体验未来表"是不是就能成为你5年后、3年后、1年后、半年后的"效果图"呢？

很遗憾，作为1张效果图来说，那张表格或许有些不太充分。

不，是很不充分。

用刚才提到的益智拼图来举例的话……

假设，"打算看看拼图盒子上的效果图时，发现盒子上不是'图片'，而是'文字性的说明'"，会怎么样呢？

"眼前是平静的湖水，湖边的温泉旅馆错落有致，远处可以看见壮丽的山峰……"

虽然有这样的文字描述，确实"聊胜于无"，但感觉要完成整个拼图还是需要很长时间。（顺便说一句，我的本意是要描绘站在河口湖北侧遥望富士山的情景，不知道你能不能想象得到。）

人类获得的信息中，有87%来自视觉，7%来自听觉，触觉占 3%，嗅觉占 2%，味觉占 1%，视觉信息在数量上具有压倒性优势。因此，对于你的大脑来说，最有效的办法就是让 5 年后、3 年后、1 年后、半年后的效果图"诉诸视觉"。

没错，你的效果图应该以"图片"形式呈现。

每天只需欣赏一次理想的蓝图

那么,就请尽快把你的"体验人生表"的效果图"图像化"吧。

请按照以下的顺序操作。

①请从"体验未来表"的 5 年后、3 年后、1 年后、半年后中,选择"**行动理由**"**最明确的年份**。

②请收集以上一条中选择的某年后想实现的梦想、想收获的东西为主题的图片。如果是"想变成这样的自己"之类的精神层面的理想,就选定一个已经达成这个目标的人作为"模范",然后收集图片。(**请至少收集 30 张以上图片。**)

③关于寻找图片的方法,一般来说上网使用谷歌的图片搜索功能是最为方便的。比如,3 年后你的梦想是"拥有一个幸福的家庭 = 可以随意地去国外旅游,家人都能开开心心的",那么在谷歌的图片搜索框中输入"家庭、开心、度假村"等关键词检索就可以了。这样一来,就会出现几张与你的想象比较符合的图片,从中选择**与"你的效果图"最为接近**的即可。

收集照片的关键点是限制时间,注意不要拖拖拉拉一直搜索。30 张图片的话，请尽量在 1 小时内完成。

④请在你的手机和每天都会使用的电脑里建立专门的文件夹，然后将收集到的图片保存进去。1 天 1 次就可以了，请务必保证每天浏览。（收集到的图片请尽量控制在你一个人使用，因为有的图片可能会涉及版权问题，所以请一定要注意。）

你的"体验未来表"的图片（效果图）都收集好了吗？如果图片还没有收集完，就请在完成后再继续往下读。

话虽如此，不过大多数人都会直接往下读吧。我也是个急性子，所以也属于那种对结局很好奇，喜欢直接往下读的人，而且我也知道那些想着一会儿再做的人，90% 都会忘了这回事，最终不去做。

所以，最好在这一页夹上书签，或是将页脚折起来做上标记。

理解记忆与行动的原理原则

刚刚已经说过,"1天1次就可以了,请务必保证每天浏览"。

那么,为什么需要每天都看呢?

已经读到这里的你,或许已经察觉到了。

答案之一是"为了不要遗忘'你要去向何方'"。

如果都遗忘了自己要去向何方,又怎么可能抵达你想要去的地方呢?可遗憾的是,很多没能实现梦想的人恰好就是"遗忘了"这一点。

目标确实是设定好了,自己却把它忘得一干二净。所以,日常做出的选择和行动最终都"和原来的自己一模一样",也就不会有任何改变。

虽然每年都有设立目标,可最终连一个都没有实现,其实"并不是你没有能力,单纯只是因为你把它给遗忘了而已"。

所以,每天都要看看你的效果图,避免你忘记了自己的"目的地"。

这里我们从神经科学的角度聊聊"不要遗忘",即"留存记忆"的原理。

大脑中有一个宽约 1cm、长约 5cm 的区域，叫作"海马体"，它负责记忆存储，提到记忆绝对不能忽略它的存在。

人类的大脑不可能记住所有发生的事情，或者说成大脑"为了遗忘而存在"会更为恰当，大脑会有选择地留存记忆，而从发生过的所有事情当中选择"是否要保存记忆"的正是"海马体"。

经过海马体判断"重要且需要保存"的信息，会被输送至大脑皮质长期保存。

也就是说，"忘记"还是"记忆"取决于海马体的判断。

如果说"因为遗忘了设定好的目标，最终做出的选择和以前一样，所以一切都没有任何变化"的话，那么让海马体把"自己要去向何方"选为"应该保存的记忆"并长期保存（不要忘记），会是个不错的办法。

欺骗大脑海马体，产生"心想事成"的错觉

那么，海马体究竟是以什么标准来判断"应该保存"和"无须保存"的呢？

读到这里的你，或许也已经想到了这个问题的答案。

在人类的大脑看来，什么是最重要的呢？（第 2 章开头部分的话题。）

人类的大脑认为最重要的是……"生存"，对吧？

海马体是大脑的一部分，所以判断是否需要保存记忆的标准和这个非常相似。即，以"对生存而言是否不可或缺"为标准进行判断。

不管是人类还是动物，都将"生存"视为最重要的事情，所以与食物和危及生命相关的信息都会被优先保存下来。

听了这个原理，也许你会这么想。

"我的'体验未来表'又没有任何关于食物或者危险的内容。这样的话，海马体就不会把它判定为重要信息了吗？"

没关系，即便是"与生死无关"的信息，海马体也会对一些信息产生"错觉"，误认为是重要信息，将其作为记忆长期保存。

会让海马体产生错觉，长期保存的信息是……

"**一次又一次，反复被发送到大脑的信息。**"

重复多次向大脑发送相同的信息，海马体就会产生错觉，认为"这肯定是对生存而言不可或缺的重要信息"。也就是说，通过反复向大脑发送信息，欺骗海马体，让它以为"这可是关乎生死的重要信息，如果不将其作为记忆长期保存就糟糕了"。

因此，每天浏览你的效果图 = "重复多次向大脑发送信息"。

为了让在你周围发生的事情都变成意料之中，请养成每天浏览图片的习惯。

科学地攻克最强劲敌——三分钟热度

"养成每天浏览一次图片的习惯,加油!"

虽然鼓足了干劲,可还是没能坚持下去……

每当下定决心要开始一些新的尝试的时候,总也逃不掉的陷阱便是"三分钟热度问题"。明明开端很顺利,可等再回过神来就已经放弃了坚持……

"我想养成您给我建议的新习惯,可总是三分钟热度,不了了之……"

关于这个问题的咨询和提议,我也回复过不少了。

先从结论开始说起吧。

"如果想养成新习惯,只要附加在已经形成的习惯上就 OK 了。"

这样一来,谁都不会遇到挫折,而且也不需要任何努力,就可以养成新的习惯。

为什么一开始还干劲十足,过了三天就干劲全无,也不再行动了呢?

东京大学研究生院药学系专家池谷裕二教授在著作《海马记

忆法》中提到,"三分钟热度是正常现象,无法坚持到底的原因在于大脑本身的结构"。

"三分钟热度"的原因在于大脑的结构。

大脑原本就会在新环境的刺激下做出强烈反应,变得活跃。但是,随着同一刺激的多次反复,活跃度也会渐渐弱化。

想必你应该已经明白了。

- **开始了新习惯→在新的刺激下,大脑被激活,干劲十足!**
- **重复同一件事→大脑适应了刺激,不再活跃。**

大脑一旦变得不再活跃,结果无非是"腻了,好麻烦的,就这么算了吧"或者"反正习惯了麻烦,就这么继续吧"中的某一种。

"可是,'习惯'原本就是同一事物的不断重复,从大脑的结构来说,养成新的习惯或许本就是一件很困难的事情。"

也许会有人这样认为。但是,如果在了解了大脑的结构之后,能够反其道而行,那么任何人都可以掌握培养习惯的方法。

反其道而行的方法,就是刚才已经介绍过的结论,即"附加在已经形成的习惯上"。

换句话说,就是**"不去有意培养'新习惯'"**。

即使开始了某个新习惯,大脑也会逐渐变得不再活跃,甚至感到厌倦。既然如此,那就在已经冲破了"大脑厌倦"这道墙壁的老习惯上,追加新的尝试。

新习惯的0秒养成法

现在，我们想要养成的习惯是"每天浏览图片"。

顺便说一句，我也有自己的"体验未来表"，也建立了专门的相册，形成了每天浏览图片的习惯。

那么，究竟应该如何将其习惯化呢？

之所以会三分钟热度，是因为只是单纯地铆足了"好了，每天早上都看看图片集"的干劲。这样一来，三天后"每天早上都看看图片集"这件事本身都会"被遗忘了"吧。

那么，如果"附加在已经形成的习惯上"又是什么样的呢？

首先，为了"每天"浏览图片，我会去寻找"'每天'不用思考，下意识都会去做的事情"。醒来后关掉闹钟，早上起床后确认时间，刷牙、洗澡、换衣服等。然后，<u>只要同时执行这些已经形成的习惯和"浏览图片"的行为就可以了。</u>

最方便的就是，在"出门坐电梯下楼"的习惯上附加"浏览图片"。每次坐上公寓的电梯，就打开图片。如果确立了这样的<u>"条件反射"</u>（某件事发生就做出特定的反应），一旦<u>坐上电梯</u>就可以自动打开图片。

怎么样？这样应该任何人都能迅速掌握吧。

那么，你要把"浏览图片"附加在什么样的每日习惯上呢？

如果用了刚才提到的办法也还是不能将其习惯化的话，顺便把最后一招也教给你吧。

假设决定了"坐电梯时浏览图片"，但真正坐上电梯后瞬间又觉得"好麻烦"啊，这种情况也是有可能出现的。

那么，这时候应该怎么办呢？

答案就是，"只做一点点就好了"。

如果"要浏览图片"的话，没有必要把你收集的所有图片都看一遍，只看1张就可以了。

再怎么觉得麻烦，1张图片应该还是能做到的吧。心里这样想着，只看了1张图片，然后又会觉得"好不容易特意打开了手机相册，只看1张未免有些'太可惜了'，再多看几张吧"。

从神经科学的角度来说，这种现象的原理就是位于大脑基底核的苍白球会对积极性产生影响，身体有反应之后，刺激苍白球，从而形成一种高度积极的状态。

比如，"起初根本提不起干劲"的打扫也是，一旦开始了，就会对目光所及之处都变得在意，最终把整个房间都打扫干净，大家应该都有类似的经历吧。习惯的养成其实也一样。一开始就彻底降低难度，"只看1张"，通过"这种程度的话应该就能做到"而"行动起来"，从而刺激苍白球，提高积极性，最终就能浏览2张，甚至更多的图片了。

这个方法虽然很简单，却非常科学。

瘦身和体能训练时，计划"每天做 30 个仰卧起坐"却无法坚持的人也可以用用这个办法。

不要一开始就每天做 30 个，先坚持**每天只做 1 个仰卧起坐**。这样的话，就会觉得"1 个根本不够""太可惜了"，慢慢就能做 10 个、20 个，等回过神来就已经养成了每天做 30 个仰卧起坐的习惯。

如此，利用大脑的结构运用科学的方法将事物习惯化才是最佳选择。

第3章 总结

必须采用"完成时"写出想要实现的目标。

必须用"可评价的形式"写出想要实现的目标。

如果觉得目标过大,就分解细化至"力所能及"的程度。

比起想做什么,更重要的是为什么要做。

效果图必须以"图片"形式呈现,否则将会丧失意义。

收集理想人生的效果图(图片),并每天浏览。

重复多次向大脑发送相同的信息,让海马体产生错觉,以为是生存所需的不可或缺的重要信息,将其作为记忆长期保存。

不要养成新的习惯,在已有的习惯上附加新习惯。

先"只做一点点",提高积极性。

第 4 章

活出未来的自己,现实就能紧随身后

用"没有缘由的自信"把握机遇

你已经明确了目标,也在朝着它努力。假设,此刻机遇就在你的眼前。

"我根本就不是那块能够到达终点的料,更没有自信达成目标。"

这时,一旦有了这种想法,即使眼前的机遇足够改变人生,也会白白错失,无法付诸实践。

如果你的自我认知依旧是现在这种情况,即"自我认知低",那么一切都不会有所改变。

下面这些例子应该在你周围也很常见吧。

· 明明有机会参与自己真正想做的工作,但又觉得"对于现在的自己来说还为时过早",最终没能发起挑战。

(或许鼓起勇气挑战了的话,就能有所成长,说不定已经升职了……)

· 商业谈判时举棋不定,觉得"我可以给客户提些价格比较高的方案吗",最终不了了之。

(或许客户的购买欲很强,但是看到你这么不安,只好决定推迟采购计划……）

- 漂亮的衣服和鞋子就摆在眼前，但是又觉得不适合自己，犹豫要不要买。

（也许只有你一个人觉得不适合。穿着漂亮的衣服会有不一样的心情，行为方式或许也会发生变化……）

- 受邀参加成功人士的高端聚会，但又觉得自己和那种场合格格不入，最终拒绝了别人的盛情邀请。

（说不定，在那里就能邂逅改变人生的重大机遇……）

- 遇到了自己尊敬的偶像，心里觉得"像我这样的人……"，没能鼓起勇气问候。

（明明经常听说有人主动搭讪后就遇到了事业上的贵人……）

- 明明有幸邂逅了心仪的异性，心里却打着退堂鼓，"即使我提出邀约，估计也不会……"，最终没能主动联系对方，故事就此结局。

（说不定，这将是一次改变命运的邂逅……）

类似的**"因为自我认知低，没能把握住机遇"**的例子，可以说是不胜枚举。

即使目标再明确，如果没有"我可以达成目标"的自我认知，也就是说，只是停留在"想××"，没有具备"想××，我也有那个能力"的自我认知，也是无法有所"行动"的。

反之，如果有相符合的自我认知，"想××，我也有能力××。只不过，我现在还没有变成那样，那就试着努力××，试着××吧",如此一来自然而然就会行动起来了。

我的工作是策划各种商务方案、立项并实施,从而帮助客户实现各种计划。

但是,不管是什么样的咨询,必须要做的就是改写客户的自我认知,使其与他的理想相一致。

即使准备了成功概率高的商务方案和机会,如果客户本人认为"我做不到"的话,那么所有行动都会像被踩上刹车一般难以推进。

"自我认知"是可以主动改写的

那么,怎样才能解决目前"自我认知低"的问题呢?

首先,需要再次了解一下"目前你是如何评价自己的"。

在第 2 章中,通过回答"你是一个什么样的人"的问题,多少涉及一些目前你对自己的"评价",但是,"为了刷新自我认知"需要进行更加深入的观察和探讨。

为了切实改写自我认知,必须清楚地把握现状。换句话说,也许目前你的自我认知已经足够带领你抵达目的地,足够帮助你变成理想中的自己。

如果你的自我认知已经很充分了的话,就没有必要再特意改写,反之,或许也会因为被改写,反而变得不顺利。所以,首先需要明确你目前的位置。这是实现万事顺意的第一步。

①请准备 1 张 A4 纸,或者也可以是一个空白的笔记本。条件实在不具备的话,也可以利用本书的空白部分。

②【提问】你是一个什么样的人?

请在 10 分钟内完成,答案数量不低于 50 个。答案当然越多越好,但最少必须写出 50 个。

这次要回答得比第 2 章中更具体一些。

注意，这道题目并没有所谓的标准答案，也没有任何一个答案会被判定为"错误"，任何切入点都可以，比如"我是个男人／女人""我是公司职员""我喜欢听别人讲话"等。

那么就请开始作答。

写出 50 个答案了吗？这应该是一项难度比较高的作业吧。

"我是什么样的人？"……请再看看自己写下的答案，此刻的你有什么感想？

让现实紧跟自我认知的方法是？

我在这里再提一个问题。

【提问】这个自我评价与已经实现目标时的自我评价一致吗？

假设，你在"体验未来表"（62 页）中"1 年后"的空格中写的是"我的书出版了"。如果 1 年后你真的出书了的话，到了那时，你的自我评价里就应该会出现类似"我出过书"或"我是作家"的答案。

"与已经实现目标时的自我评价是否一致？"在这个例子中，就意味着"（即使现在还没有出书）自我评价是否也体现了'出过书''我是作家'"。

也许你会想，"明明还没有出书，肯定不会拥有'出过书'的自我认知"。

正因为此，才有必要拥有啊。

如果现在的你拥有"已经出了一本书（尽管还没有出书）"的自我认知，那么，此时此刻"自我认知"（出了一本书）和"现实"（还没有出书）之间便产生了差距。

这样一来，你的大脑就会开始收集弥补这个差距所必需的信息。

你的大脑判断出"填补差距的信息的优先度最高"，从而不断地理解和认识"出书所需要的信息"。

比如，和已经出过书的作家、出版社制作人、编辑等见面接触的机会，以及可以参考的书籍等就会慢慢进入你的视线。

幸运的是，这就是人类大脑的结构。

另外，如果你的自我认知已经确定为"出过书的人"，那么对于大脑寻找搜集到的信息，你就会毫不犹豫地付诸行动。

也就是说，针对1年后"出书"的目标，"手段"已经明确，"心态＝自我认知"也已到位，剩下的就是朝着目标直线前进了。

为了形成这种状态，"此时此刻"不要以"目前的自我评价"，而是活出"未来的自我认知"，才是最关键的。

我也是有意识地在用"活出未来的自己"激励着自己时刻保持强大的心态。这正是"以未来的自己活在当下"的意思。

回到刚才的例子，就是要考虑如果是1年后"已经出过书的自己"，会如何发表意见，怎样行动，做出什么样的判断，又会如何思考，如何收集信息，去什么样的地方，和什么样的人交往，不和什么样的人交往，不去做什么样的事……然后做出判断并行动。

如此一来，就会做出不同于"现在的自己"的选择，采取的行动也会发生变化，**"现实便会紧随身后"**。

这并不是所谓的精神层面上的"洗脑"或"劝诱"，人类大脑的结构本就是如此。

"活出未来的自己"，拳击手成功斩获金牌

说起用"未来的自我认知"来"活在当下"的案例，可以讲讲运动员村田谅太在 2012 年伦敦奥运会上斩获拳击金牌的故事。

这也是日本在拳击历史上的第二金，日本上一次获得奥运拳击金牌还要追溯到 48 年前的 1964 年东京奥运会。也就是说，在村田参加伦敦奥运会时，日本人已经与拳击金牌睽违了半个世纪之久。

而且，村田参加的是运动员人数最多，对体格健硕的欧美人最有利的中量级（业余：69～75kg）比赛。48 年前的东京奥运会上，日本人樱井孝雄是在轻量级（业余男子组：52～56kg）比赛中摘得了金牌。在此之前，日本人从未在中量级比赛中获得过冠军。

"日本人绝不可能在中量级摘金。"

这是村田参加伦敦奥运会之前，大众的普遍认识。但是，村田并没有被这种"普遍认识＝先入为主的观念"所淹没，在奥运会前他做了这样一件事。

即"活出未来的自己"。

村田家的冰箱上贴着 1 张纸。

"成功在伦敦奥运会上获得金牌。感谢大家的支持与鼓励。"

自开始备战奥运会时起,他就当作自己"已经获得了"金牌。用词造句也采用了完成时。这张纸就贴在冰箱上,所以每天可以看上很多次,并作为记忆长期保存在大脑中。

"我已经是金牌得主了。如果是金牌得主,会进行什么样的训练呢?如果是金牌得主,会如何行动,过着什么样的生活呢?如果是金牌得主,又会做出什么样的判断,怎样发言呢?"

正是形成了"活出未来的自己 = 行动"的状态,所以在重塑自我认知后,村田成为金牌得主的梦想也变成了现实。

未来具象化所引发的触动至关重要

下面就来改写你的自我认知吧。

首先要做的是，将"未来的自己"具象化出来。

这里希望各位能按照"体验未来表"中"1年后"的目标进行设定。

请阅读"体验未来表"中1年后的明确目标，并仔细浏览与之相符的"图片集"，然后具体认识自己的目的地。

你已经可以清晰地描绘出自己的目的地了吗？

那么，请回答下面的问题。

【提问】1年后的你，认为自己是个什么样的人呢？

这个问题没有标准答案。

假设，你设定的目标是1年后"从公司职员变为老板，自主创业，年收益达到1亿日元"，那么到那时，你的自我认知也许就会是"我是年销售额1亿日元的公司老板"。如果1年后你的目标是"成为每年带家人出国旅游一星期的父亲"，那么到那时，你的自我认知也许就会是"我是个顾家的父亲，每年可以带家人出国旅游一星期"。

如此简单的答案也无妨。当你实现了 1 年后的目标，到那时你的自我认知又变成了什么样呢？请在 15 分钟内作答。

时间到。你是否已经明确写出了 1 年后的自我认知？

或许有人会感到不安，"我真的能够以这种自我认知和心情生活吗……"；"要是真的能在这种自我认知下生活该有多棒啊"，也会有人感到兴奋和激动吧。

总之，最关键的是通过将 1 年后的自我认知具象化，并以此感受到"内心的触动"。

内心被触动，就代表你的"大脑"体会到了"新的刺激"并有所反应，即"变化的开始"。

可以"瞬间"重塑自我认知的"未来体验"

或许你认为,只要说或者写出 1 年后的自我认知,就可以自动地从"当下的自我认知"变为"未来的自我认知",然而并非如此。

"当下"的自我认知,也是经过数年,甚至是数十年才形成的,不可能轻易就被改变。

虽然不能轻易被改变……但是,有一个方法可以"瞬间"重塑自我认知。

"要是变成这样该怎么办,变成那样又该怎么办,要是事情进展不顺利该怎么办……"我的客户中有几个人就做到了消除这种不安,整个人的心态像变魔术一般变得特别强大,成功改写了自我认知,朝着 1 年后的自己努力实践,最终扭转了现实,实现了梦想。

可以"瞬间"重塑自我认知的方法是……

两个字**"体验"**。

实际"体验"下刚才你写下的"1 年后的自我认知"。

具体应该怎么做呢?

先来介绍一个具体的实例吧。

面对现实时强烈的违和感,正是活出未来的证据

有一个 20 多岁的男生。打算创业的他辞掉了公司职员的工作,却持续 10 个多月没有收入,经历了试错后的挫败,最终在 1 年半以后,他创建的公司年销售额突破了 3000 万日元,他的生活也变得宽裕了许多。

但是,在那之后,公司的业绩却迟迟没有大的增长,处于停滞状态。虽说业绩没有下滑,但也没有什么增长。

为什么会变成这样呢?为了探个究竟,他重新审视营销、管理、公司官网等各个商务要素,进一步学习、研究。可情况依旧没有任何好转。

那时,他学习、掌握的正是涉及心理学、神经科学、NLP(神经语言程序学)等多个领域的现实追赶"自我认知"的思维方式。

当初他辞掉工作的时候,梦想着"做自己喜欢的事,过上富裕的生活",针对收入,也基于"想拿到这么多"的想法将目标量化,而且也拥有"我可以梦想成真"的自我认知,所以才在 1 年半后实现了自己的目标。

但是,这里有一个"陷阱"。

在实现了梦想之后,他并没有更新当初辞掉工作时制作的"体验未来表"。

辞掉工作后通过"活在未来"走向了成功。但是,那个"未来"已然成为现实,等回过神来才发现没有下一个"未来的自己",最终还是"活在了当下"。

察觉到这一点之后,他立即更新了自我认知,重新制定了"体验未来表",将"全新未来下的自我认知"具象化,收集了有关"目的地"的图片。

除此之外,他还尝试着去"体验"未来的状态。

其中一项体验,就是"去参观自己想要居住的房子"。

虽然当时他的日子过得宽裕了一些,但还是住在辞掉工作后零收入时期租借的公寓里。对于每天都忙于工作的他来说,"房子不过是回家睡觉的地方",因此并没有特别在意。

但是在更新"体验未来表"时,脑海中浮现的却是把房子也"理想化"的想法。经过一系列的学习,他已经理解了"通过体验可以重塑自我认知",所以毫无限制地去找寻自己最想住在什么样的房子里,还进行了实地考察参观。

有一天,他去参观了理想中的房子——200多平方米的公寓,那里的玄关比当时自己住的卧室还要大。

当时他还住在二层小木楼的一居室里,这次参观让他切身体会到了什么叫"云泥之别"。受到巨大冲击的他,在那之后也感受到了那套豪宅的气派。

"体验过未来"回到家的他，立马就感受到了现实即将改变的征兆。

回到自己租住的房子后，面对现实的他体会到了强烈的违和感，"自己的房子比今天参观的那套豪宅的玄关还要窄小""不喜欢现在的这个样子"。

没错，**"体会到与现实的违和感"**，这就是自我认知被改写的强大推动力。

自我认知 = 我住在豪宅。

现实 = 比玄关还狭小的房子。

这种差距引发了违和感，而"违和感"正是自我认知和现实之间存在差距的证据。活出未来也是梦想开始照进现实的征兆。

最终，故事里的男主角业绩翻了几番，也搬进了理想的豪宅。

直觉敏锐的你或许已经发现了，其实故事里的"他"就是过去的"我"。

"直到此刻，我都还清晰地记得当时受到的冲击。去参观理想中的豪宅，刚一踏进玄关，就发现比我当时租住的房子还要大，着实让我吃了一惊。回到租住的房子，我感觉眼前的一切都惨不忍睹，觉得自己不应该住在这种地方，心情非常复杂，这些情绪至今都记忆犹新。"

此刻的你，**对于现在的自己、现在的环境，感受到"违和感"了吗？**

"自我肯定力"和"自我效能感"的原理

"体验"可以改变自我认知。

对现实感到"违和",是"自我认知已经改变"的强大推动力。

我们来谈谈这个结论的原理吧。

我们的自我认知本身就是"自己对自己的评价",说极端一些,和他人的意见无关,是自己可以随意决定的东西。

但是,大多数人都无法提高这种可以自己随意决定的认知。

或者,虽说"要拥有与目标相符合的自我认知",可总有人"不知道应该拥有什么样的自我认知"或者"无法接受这种自我认知"。

为什么会出现这种情况呢?

那是因为,所谓的自我认知是由两个要素组成的。

构成自我认知的两个要素是"自我肯定力"和"自我效能感"。

> 自我认知 = 自我肯定力 × 自我效能感

所谓的"自我肯定力",一言以蔽之,就是指"个体能否对任何一种自己都表示认同、欣赏、肯定"。说得更简单一些就是,能否做到喜欢任何一种状态的自己。

事情进展顺利的时候,会觉得我真厉害;犯错、出现失误的时候,也不会过于失落自责,可以坦然接受这也是我的风格啊……这种能力就叫作自我肯定力。

另一方面,"自我效能感"指个体判断"自己有能力完成某一行为"的真实感受,即"对自己能力的评价"。

"想实现这个梦想""想变成这样的人""想赚这么多钱"等,在为自己设定这些目标时,能够认为"自己有这个能力"。

这里认为"自己有能力"的感受不需要任何东西来支撑,关键在于自己能否觉得"我可以做到"。

自我肯定力和自我效能感,自我认知随着这两者的搭配组合而改变。

想要改变自我认知时,即使设定了与全新的自己相符合的自我认知,如果内心深处不这样认为的话,就代表自我肯定力和自我效能感两者,或其中的某一个是不充分的。

"其实,我并不是很喜欢可以做到这些的自己……"

"可以做到这些的我……不,我做不到的吧。"

正是因为有了这种想法,也就是因为自我肯定力和自我效能感不足,才无法提高自我认知,不能接受与目标相符的自我认知。

同时提高自我肯定力和自我效能感的办法正是"体验"。

体验自己设定的理想状态，产生"可以做到这些的我，真的很厉害"的想法，从而提高自我肯定力。

体验真正想要实现的状态，目标的难度会有所下降，产生"也许我也可以做到"的想法，从而提高自我效能感。

这样，自我认知也会随之得到提升。

"违和感"正是站在梦想起跑线上的前兆

自我认知会因为亲身体验而改变。

"我不应该待在这种地方。"

"这种性格并不是真正的我。"

"现在这种状态根本无法让我满足。"

或许,这些情绪会喷涌而出。

在"我"的故事中,"我"只是认为"自己怎么能住在比理想中的豪宅的玄关还拥挤的房子里"。

提升自我认知,感受到现实与自我认知之间的差距,产生"违和感",**进而主动行动起来改变现实**。过去曾经因付诸行动而感受到的迷茫和犹豫,好似谎言一般消失不见,此刻的你行动力突然变强,积极地为改变现实行动起来。

为什么会这样呢?

是因为,你为行动的司令部——大脑找到了后盾。

对人类的大脑来说,"最重要"的是什么呢?没错,是生存。为了生存,大脑常常让你保持一种"放心的状态",前面也提到过,这叫作**"恒常心理"**。

但是，一旦自我认知被改变，就会变得无法对"当下的自己"感到放心。大脑会认为，"无法放心＝环境改变了"，可能难以生存下去，从而会创造新的可以放心的状态，也就是说会为创造与新的自我认知相符合的现实下达行动指令。

如果现实与自我认知间的差距没有产生"违和感"，那就证明还没有给"大脑"找到后盾。如果没有给"大脑"建立后盾，那就必须咬紧牙根有意识地努力行动。

这样一来，想必只有那些意志力极其强大的人才能实现目标吧。

提高标准的理由

明确了"目的地",想要实现梦想时,很多人都会做的一件事是……

"提高积极性"。

"积极性提高了,就可以付诸行动,目标的难度也会降低。"

"所以,提高积极性吧。"

虽然大家普遍会产生这样的想法,但也并非一定如此。

为什么这么说呢?因为半途而废和没能抵达"目的地"的人经常挂在嘴边的一句话就是"没有干劲啊"。

也就是说,一旦被提起来的积极性下降了,就无法实现目标。

积极性上来了,可以付诸实践。

积极性丧失了,就放弃实践了。

如此一来,能否实现目标,就完全"取决于积极性"了。

提高的东西肯定是会降低的。提高的积极性也会在某个时间点就降低了。

事实上,要想朝着终点坚持不懈地奔跑,应该提高的并不只有积极性，而是一个"即使提高了也不会降低"的东西。

即，"你的标准"。

"提高标准"也就是前面所提到的，"活出未来的自己"。

打个比方，假设在你的设定中，"未来的自己"成了"公司里最年轻的部长"。

"好了，我要朝着成为最年轻的部长加油啊！"这是提高积极性的表现。

与此相对的，"提高标准"的表现是，积极思考如果是最年轻的部长，那么"他会如何行动？""会如何思考？""会如何处理工作？""又会如何对待周围的人？""会如何发表言论？"然后进行实践。这也是"活出未来的自己"。

"提高标准并付诸实践"是不会被积极性左右，且在任何时候都可以做到的事情。总而言之，为了坚持下去，不放弃，现实变化的速度当然也会随之加快。

但是，"提高标准＝活出未来的自己"会受到自我认知的影响。

自我认知，是由自我肯定力和自我效能感组合搭配而成的。即使提高了标准，如果自我认知低，那么仍然无法激发高标准下的行动。所以，还是那句话，"改变自我认知能够改变人生"。

采访彻底改变人生的"未来的自己"

那么,接下来介绍一下在家里就能做到的"因体验而改写自我认知"的办法吧。

这是在我经营的专门面向企业经营者的培训课堂上,每次都会让企业经营者们实施的练习。来学习商务、管理的人们也一样,无论掌握了多么精湛的经营策略和市场战略,如果没有"可以实践的自我认知",就无法付诸实践,更不会取得事业上的成功。

【改写自我认知的采访练习】

★建议以2人为一组展开本练习。如果仅有1人,分饰采访者和受访者也是非常有效的。

①两人一组,分配采访者和受访者的角色。

②受访者请按照"体验未来表"中"1年后的自己"进行表演。在"自己已经实现了1年后的所有目标"的前提条件下接受采访。

③采访者请围绕"如何实现1年后的目标"向受访者展开访谈。实现了什么目标?过程中遇到的最大的困难是什么?心灰意冷时,又是什么在支撑着你呢?……就像杂志专栏中的成功人士

访谈录一样，请多多提问，力求挖掘出"实现目标的秘诀"。

④受访者所扮演的角色是已经实现了所有目标的人，所以不管被问到什么样的问题应该都能对答如流。"1年后已经实现目标的我肯定会这样回答的"，以这种感觉回答采访者的提问就好。这与你目前是否已经实现了目标无关。即使被问到了自己还未经历过的事情，也请严格按照"1年后的自己"的角色设定回答问题。

⑤采访时间仅为10分钟。时间到了后，采访者请按照以下内容提出最后一个问题。

"现在还有很多人像1年前的您一样在努力拼搏着，最后请对他们说点什么吧。"

⑥受访者回答完最后一个问题后采访结束。然后交换角色，继续练习。

这就是采访练习，帮助你"体验实现目标后的自己"。在我的学习会和讨论会上，做这个练习时的气氛是最热烈最活跃的。一开始还比较害羞的人，慢慢地也以"实现目标后的自己"侃侃而谈，"自我肯定力 × 自我效能感 = 自我认知"得到了大幅提升，最后甚至还会主动提出来，"我能再多说两句吗"？

我的客户们一遍又一遍地重复进行着这个采访练习。因为一次次地重复，可以诱发"海马体"发挥作用。

也就是说，让大脑长期保存"1年后的自己是什么样"，然后在日常生活的各种场合回想起1年后自己的模样，"1年后的自己面对这样的场景，会做出这种选择""1年后的自己会这样思考""1

年后的自己会这样发表意见"等，从而在日常生活中也做出"标准提高之后"的选择和行动。

如果，你真的有极强的欲望想要有所改变，非常迫切地想要实现梦想的话，强烈推荐你反复进行这个采访练习。

说到通过采访练习，收获丰硕成果的实例，有一位女性创业者，想要创建一家以美发沙龙企业经营者为对象的商务培训机构。每天晚上睡觉前，她都会让自己的老公扮演采访者，和她练习。最终，她的所有计划和创业前的准备工作都以惊人的速度顺利推进，仅仅用了三个月，就实现了自己1年后的目标，收入增长了4倍。

接受采访，是在改写自我认知的同时，让大脑认识这个任务。

我们人类一旦被赋予了某个"任务"，自然就会想要去完成它。某个研究调查中有这样一个实例，挑选一个上课时学生打闹扰乱课堂纪律的班级，并赋予打闹小团队核心人物一个重要的任务——想办法管制约束妨碍课堂纪律的学生，结果课堂纪律很快便恢复了正常。

反复接受采访，可以改写自我认知，同时也可以认识到我们自身所肩负的任务。如此一来，日常生活中的选择和行动必定会有所改变。

而改变的契机正在于这个采访练习。所以，请务必要体验一次，相信你一定会乐在其中。

第4章　总结

用"未来的自我认知"活在"当下"。

"体验"可以重塑自我认知。

面对现实感到违和,就代表变化已经开始。

自我认知由自我肯定力和自我效能感构成。

需要提高的是"标准"。

以1年后的自己接受采访,让主动性萌芽。

第 5 章

通过自我肯定宣言，正确锤炼内心

以"确信"为名的"主观认识"

如果能够抛弃当下的自我认知,改写为全新的自我认知,那么现实和自我认知之间就会产生差距。

面对现实感受到违和感的大脑,为了创造出全新的"放心"状态,会擅自下达改变现实的指令。

所以,"自然而然"就会主动行动起来,进而实现梦想。

只要创造出这一"系统"就足够拥有改变现实的力量。

但是,这里还可以继续强化这种自然而然变化的"系统"。

而强化系统所必需的,是对我会改变、我能实现梦想的确信。

确信,顾名思义,是指"坚定地相信""深信不疑"的状态。换个说法,也可以说是相信一切都会顺利的"主观认识"。

既然如此,那么只要理解了"主观认识的形成原理",就可以有意识地创造出坚定的信心。

那么,"主观认识=坚定的信心"是如何形成的呢?

在说明原理之前,我想先介绍一个实例,它可以告诉我们主观认知究竟会对人生产生什么样的影响。

为什么"主观认识"可以将不可能变为可能

从几百年前开始,大众的普遍认识就是人类不可能在4分钟之内跑完1英里(约1.6千米)。回顾1英里长跑的历史,1923年芬兰运动员帕沃·鲁米创造了4分10秒跑完1英里的世界纪录,比当时的世界纪录快了2秒,但正是这2秒震惊了全世界,原因在于为了实现这2秒,整整花了37年时间。

即便如此,还是没能跑进4分钟。人类果然无法在4分钟内跑完1英里,这种认识在全世界范围内蔓延。这在当时被称为Brick wall(壁垒),人们一度认为"突破4分钟跑1英里"大关,比登顶珠穆朗玛峰和南极探险还要困难。

在这样的背景下,牛津大学医学院学生罗杰班尼斯特出现了。他也果断地向4分钟跑1英里大关发起了挑战,但是迟迟没能刷新世界纪录。

就在人们觉得或许真的无法突破4分钟跑1英里大关的时候,班尼斯特改变了视角,他决定不再以此为目标,从今以后只要努力做到每次的成绩比自己的纪录缩短1/16秒(0.0625秒)就可以了。每次缩短1/16秒并不是什么难事。只要不断重复,总有一天可以跑进 4 分钟。也就是说，班尼斯特的目标已经由"4 分钟"这个"人类难以跨越的障碍"，变成了"1/16 秒"这个"可以打破的壁垒"。

就这样，班尼斯特不断重复每次缩短 1/16 秒的小目标。最终，在 1954 年 5 月他以 3 分 59 秒 4 的成绩刷新了世界纪录，创造了人类史上第一次在 4 分钟以内跑完 1 英里的奇迹。

但是，距离 4 分 10 秒 3 的前世界纪录已经过去了整整 37 年，这也证明了对于人类来说，"4 分钟大关"究竟是多么难以突破。

然而……

班尼斯特成功打破 4 分钟跑 1 英里大关，一直以来全世界人们认为人类绝不可能在 4 分钟内跑完 1 英里的"主观认知"也随之瓦解，变成了看来还是能跑进 4 分钟的啊。

在班尼斯特打破 4 分钟大关后短短 1 年时间里，同样跑进 4 分钟的运动员竟有 23 人之多。

在得知那些"主观认为根本做不到"的事情其实是"可以做到的"的瞬间，几百年来从未实现的目标也就变得触手可及。

我想，为了说明心理上的主观认识会对我们的人生产生什么样的影响，这个例子是再合适不过的了。

在这个"4 分钟跑 1 英里大关"的故事里，同时存在"积极的主观认识"和"消极的主观认识"。

"积极的主观认识"可以帮助你改变自己的行为和现状。故事中，班尼斯特打破世界纪录后，让全世界人民产生"可以做到"

的观点，从而改变行动，结果也随之发生变化。

反之，"消极的主观认识"则会限制你的行为和表现。故事中，全世界人民都认为"人类绝不可能突破4分钟跑1英里大关"，于是结果就变得和大家所想的一样。

在你的日常生活中，想必也有不少类似的"积极的"和"消极的"主观认识。

但是，这里非常重要的一点是，即便是全人类都无法逾越的壁垒，也在"改变主观认识后被成功打破"。

也就是说，只要有意识地改变"目前的主观认识"，那么"现状"也会随之改变。

理解"主观认识"的产生原理

那么,接下来简单阐述一下"主观认识"的产生原理。

①体验:我们在日常生活中经历、体验着各种各样的事情。

回到罗杰·班尼斯特的故事,以运动员的身份挑战在4分钟内跑完1英里,却迟迟未能刷新世界纪录就是他的经历和体验。

②认识:经历、体验各种事情后,形成"这个就是这样"的认识。

比如,做了某件事对方很生气,就会形成"不可以这样做"的认识。做了某件事后对方很高兴,就会形成"这样做就可以逗别人开心"的认识。我们通过体验和经历,可以在内心产生成百上千种认识和思考。

在班尼斯特的故事中,是由"果然没能打破4分钟大关"的"经历、体验",产生出"打破4分钟跑1英里大关是很困难"的想法和认识。

③视角:通过体验产生"××就是这样"的认识之后,我们就会基于这样的认识去观察世界,然后去寻找信息,来证明自己的这种认识是正确的。

一旦在"4分钟跑1英里大关很难打破"的视角下观察世界，那么就只能看到"那个人也没能刷新纪录""这次也不行啊"等消极的信息。

④情感、思考：接下来，会衍生出与自己的视角相符合的情感和思考。比如，"唉，果然不行啊……""的确很难呢……""反正做不到……"之类的感受。

⑤行动：做出与产生的情感、思考相符合的行动。4分钟跑1英里的例子中，练习方法、练习量及日常的生活方式都是有影响的。即使在"很难啊""反正做不到"的情感和思考下有所行动努力练习，也绝不可能打破4分钟跑1英里的大关。

⑥结果：出现与行动相符的结果。即"没能在4分钟内跑完1英里"的结果。

⑦强化：在"很难打破4分钟跑1英里大关"的认识下，产生出相应的视角、情感和思考，然后行动。于是，在出现"没能在4分钟内跑完1英里"的结果后，"自己的认识果然没错"，这一观念就会被巩固、强化。

①—⑦这一过程不断重复，慢慢地"很难打破4分钟跑1英里大关"的认识和想法就会被一次又一次地强化、巩固……最终变为"确信"。

这就是"主观认识"的形成原理。

思考变为现实的真正理由是什么

为什么在全世界人民都形成了"人类不可能在 4 分钟内跑完 1 英里"的主观认识时,班尼斯特能成功突破 4 分钟大关呢?在班尼斯特刷新世界纪录后短短 1 年之内就有 23 个人同样也跑进了 4 分钟,这又是为什么呢?

这些问题也是能够用主观认识的原理来解释说明的。

首先,班尼斯特做的第一件事就是改变"②认识"。由"打破 4 分钟大关"的认识变为"每次缩短 1/16 秒应该是可以做到的吧"。

于是,"③视角"也随之发生变化。"如果只需要缩短 1/16 秒,那么应该做些什么呢?又可以做到什么呢?需要注意些什么呢",开始以这种视角来观察世界。

接着,"应该可以做到些什么吧""噢,如果是这个,应该没问题",这种"④情感、思考"随之产生。

下一步,就会采取与这种情感相符合的"⑤行动",如练习,调整生活方式及针对比赛当天的准备等。不久后,只缩短 1/16 秒的"⑥结果"出现了,"果然变快了""并不是不可能的"的认识得到"⑦强化"。

紧接着心里想"还能做到些什么呢",又会继续行动。

就这样,便形成了"可以做到"的主观认识,这种积极的主观认识又将逐渐转变为"确信"。

因此,自从班尼斯特打破4分钟跑1英里大关后,其他运动员也有了新的"①体验"——终于有人能够在4分钟内跑完1英里了,由于这种体验,又形成了"其实4分钟跑1英里大关可以被打破"的"②认识",随即又转化为"怎么做才能打破4分钟大关"的"③视角"。于是通过采取与"也许可以做到"的"④情感、思考"相符合的"⑤行动",最终出现与以往不同的"⑥结果"。

想要实现些什么时,想要改变当下的现实时,其根本在于"认识"。想必你已经明白了,所谓的"认识"并非单纯的唯心论,而是人体机能的一部分。

"积极的主观认识"会进一步强化,结果也会随之改变。

用语言的力量改变思考

所有的主观认识，其根本都在于"认识"。

那么，如何才能改变"认识"呢？

有效手段之一为"自我肯定宣言"。

自我肯定宣言，指个体"用肯定的语言对自己宣告"。

宣告……也就是"明确地宣誓"。

通过用肯定的语言对自己宣告，从而影响自己的认识，进一步控制情感与思考。

"我是这样的人""我要实现梦想"等，反复地宣告，无数次向大脑发送（宣告），强制改变"认识"……由此，利用语言的力量改变思考。

那么，是不是只需要单纯地"用肯定的语言宣告"就可以了呢？事实并非如此。

实际上，在自我肯定宣言的影响下，有的人顺利地掌握了理想人生，但有的人完全没有感受到任何变化。

这两者之间究竟存在什么样的差异呢？首先，我来简单介绍一下进行自我肯定宣言时的注意事项，即正确的自我肯定宣言的关键点。

关键点1：宣告现实性目标。

宣告的内容不同，其效果也是截然不同的。因为如果内容与现实相距甚远，那么就算再怎么努力地用肯定的语言进行宣告，内心深处都会有一个声音告诉你"那是不现实的"。或者，针对严重偏离现实的内容进行自我肯定宣告，是无法激发出"发自内心深处想要改变的欲望"的，而这一欲望恰好又是诱发自我肯定宣言变化的关键因素。

"现实性目标"是指你能想象得到实现后会是什么状态的目标，是指你认为自己可以实现的目标，说具体一点，就是实现概率在50%左右的目标。

假设，现在年收入只有400万日元的人的自我肯定宣言为"我的年收入是100亿日元"，即便他这样做了，但是他应该也"无法想象得到"亿万富翁如何思考，如何行动，在和什么样的人来往，又有着什么样的消费观……或者，其实他的内心从现实上并不相信自己的年收入会在某一天突然从400万日元变成100亿日元……

连自己都觉得太不现实的内容，反倒会消减我们的行动欲，所以自我肯定宣言时的内容必须贴近现实。

关键点2：使用肯定的语言宣告。

自我肯定宣言"只有在用肯定式的语言时"才会有效，用否定的语言宣告是没有效果的。原因在于，人类大脑的特点之一就是无法认识"否定性语言"。

打个比方，如果别人对你说"请不要想象狮子的样子"……那么你应该首先会去想象狮子是什么样的，因为大脑无法认知"请不要××"之类的否定某个行为的语言。

将这一理论代入自我肯定宣言……

假设，你设定的目标是"戒烟"，如果此时你的自我肯定宣言是"不吸烟"，是没有效果的。大脑无法认识"不做某事"的语言，换句话说，每次说到"不吸烟"时，你的大脑里闪现的都是"正在吸烟时"的你。

不是"不吸烟"，而是"我成为无烟人士"……这才是符合大脑结构的有效语言。

"不×××""停止×××"之类的自我肯定宣言是没有任何意义的。

关键点3：使用现在完成时的语言宣告。

确定自我肯定宣言的内容时，绝不可忽视的关键点就是"使用现在完成时的语言宣告"。

比如，不是"我要成为有钱人"，而是"我是有钱人"……后者就是现在完成时的语言，"已经达到该状态"是极为重要的。

"我要成为富翁"，这句话里就包含了"现在还不是富翁"的意思。假设反复宣告"我要成为富翁"，那么"现在还不是富翁"的自我认知和思维方式，就会被一次又一次地传输到大脑。

于是，就会以"现在的我还不是富翁"的视角去审视世界，从而收集能够佐证这一认识的信息。如此一来，就会产生与之相符的情感、思考，并诱发相应的行动，最终形成"现在的我还不是富翁"的结果，紧接着"我果然不是富翁"的认识就会被强化。

也就是说，为了让自己变得更好而开始的自我肯定宣言，最终却在极力地阻止你做出改变。

正确的自我肯定宣言的绝对条件就是……时刻铭记"我是××"的现在完成时。

关键点4：想象有临场感的画面。

如果确定了自我肯定宣言的内容，那么接下来就请想象该内容已经实现时的场景。

当你的自我肯定宣言已经实现时……你会在哪里？拥有些什么？在欣赏什么样的风景？和谁在一起？在谈论些什么？周围还有其他人的话，他们是什么样的表情，又会对你说些什么？听到这些话，你是什么样的心情？等等。

要想通过自我肯定宣言让"现实"发生变化，需要下面三个步骤。

①进行自我肯定宣言。

②自我肯定宣言诱发"想要改变现实"的情感（欲望）。

③自发地行动起来，改变现实。

在自我肯定宣言中需要"想象有临场感的画面"的原因在于，这种具有临场感的想象可以激发"'想要改变现实'的欲望"。

假若大脑能够创造出非常细致鲜明的想象，人就会出现与这个场景变为现实时相同的生理反应。

比如，接下来请想象一下这个画面。

"请将右手五指分开，抬到与眼睛齐平的高度，然后仔细观察手掌心。请想象你的手心里放着10个腌好的梅干，梅干在你的手掌心形成一座小山，梅汁从你的指缝滑落，你还能闻到阵阵梅香。接下来请你一口吞掉手心里所有的梅干。好了，准备好了吗？那么请把梅干喂到嘴里。"

感觉怎么样？应该很多人都已经垂涎欲滴了吧。

其实我们并没有真的吃到满满一口梅干，至多就是"脑补"了一下吃梅干的画面。但是，因为想象得很细致鲜明，所以我们的大脑对这个画面有所反应并分泌出了唾液。

这与自我肯定宣言的原理是共通的，即通过想象具体的画面，体验那一刻的情况，产生梦想已经实现时的情绪（生理反应），而这种情绪又会激发出想要实现梦想的欲望，进而产生行动力……

不仅仅是单纯地进行语言上的宣告，想象出具有临场感的画面，也是让自我肯定宣言加速改变现实的关键。

关键点5：早晚各重复30秒自我肯定宣言。

首先在脑海中清晰地刻画出成为理想中的自己时的画面。

体会到这一画面后，就在纸上写下自我肯定宣言的内容。

最后，对着镜子里的自己宣言吧。

这里的核心是"**每天重复**"。正如前面所讲到的一样，大脑会将"被多次输送的信息"判定为重要信息。让大脑强化自我肯定宣言的关键手段就是，"多次重复"。

不断重复，直到梦想实现为止。

如果缺少了这一因素，即使实践了其他 4 个关键点，自我肯定宣言也不会起到任何作用，一切都不会有所变化。

"写在纸上"成为最强手段的理由

不仅仅在口头上宣告,专门将自我肯定宣言"写在纸上",也是非常重要的。这里的核心是"手写"。

美国的某所大学进行过一个有关目标完成率的实验,对比了手写和用键盘录入时的目标完成率。实验结果显示,手写目标时的完成率比用键盘录入高出了42%。

据说,人类敲击键盘录入文字时所需的手指动作只有8种。也就是说,在敲击键盘时,我们的大脑中只有与这8种动作相对应的部分处于活动状态,相当于没有受到刺激。

与之相对的,手写时所需的手指动作有1万种,大脑中与这1万种动作相对应的部分也处于一个活跃的状态。

也就是说,大脑所受到的刺激存在压倒性的差距。刺激大脑的多个部分,让它认识到"这是重要的信息"……这一点会在很大程度上影响目标完成率。

另外,1979年美国哈佛大学进行过一个有趣的实验,主题是"将目标写在纸上"。

某位教授调查学生们是否制定了目标,结果如下。

84% 的学生没有目标。

13% 的学生有目标,但没有写在纸上。

3% 的学生有目标,且写在了纸上。

其实只有 16% 的学生拥有明确的目标,而写下目标的学生仅占 3%。

但是,这个调查并没有就此结束。或者说,这只是个开始。

在那之后 10 年过去了,毕业生们也纷纷走进了职场,活跃在各行各业。教授再次与 10 年前参加过调查的学生取得联系,开展了另一项调查。

调查结果令人惊讶。

对所有学生的年收入进行调查后发现,拥有目标的那 13% 的学生,他们的平均年收入比 84% 没有目标的学生高出了 2 倍。

想必仅从这一结果就能看出目标的威力了,但是这一调查能够被流传至今的理由并不在于此。

更加让人意外的是,那 3% 将目标写在纸上的学生的平均年收入竟然是剩余 97% 学生的 10 倍。

或许可以从很多角度对这一调查结果进行解释分析。其实问题的关键不仅仅在于有没有把目标写在纸上,但事实情况是,各种故事中成就伟业的人和成功人士都习惯把目标写在纸上并随身携带,或是贴在书桌前、卧室的墙壁上。

那么,为什么把目标写在纸上就会有效果呢?

首先,能考虑到的第一点是像刚才提到的手写和用键盘录入的例子那样，大脑所受到的刺激的水平是不一样的。

其次，要把目标写在纸上，就需要一个将大脑中描绘的内容以语言的形式具体化的过程。实际要在纸上写下目标时你就会明白了，要把那些考虑得不够全面不够充分的内容，或是自己都想象不到的内容，用语言的形式表现出来是一项难度很高的工作。

也就是说，如果能在纸上写出目标和自我肯定宣言，就证明在你的内心深处，想要实现的梦想、想要完成的目标已经很明确了。

最后，把目标写在纸上并贴起来，保证每天都能看到，就会起到铭记"目的地"，即铭记"自己此刻在朝着哪里努力"的效果。

自我肯定宣言的最佳方法

基于以上内容，自我肯定宣言的最佳做法具体如下：

①想象梦想实现后的场景。

②体会到该场景后，在纸上写下自我肯定宣言。

③最后对着镜子里的自己宣言。

④每天重复①—③。

想必最后的"每天重复"会成为很多人的难点吧。

但是，如果不能做到每天重复，一次又一次地让自己的大脑认识到"现在正朝着这个目标努力"，那么一切都不会改变，这是因为我们的情感、思考和想法，是所有行动的源泉。

人类的大脑最反感的就是"变化"。大脑最优先考虑的是"生存"，关于这一点已经重复过很多次了。只要现在的状态不影响正常生存，大脑对变化有抵触情绪的特点就不会有所改变。

所以，通过每天重复，让大脑把你想要实现的梦想调整到最优先考虑的位置上，是变化过程中最关键的核心。

养成新的习惯并固化下来，并不是一件简单的事。这在第3章中已经讲述过了。

同时，也向大家传授了养成新习惯的秘诀是"附加在已有的习惯上"。

那么，自我肯定宣言也像它们一样，只是"附加在已有的习惯上"就能每天自动执行了吗？

答案是 Yes。

你每天都会做的事情有哪些？请一一列举出来。

【你习惯了每天都做的事情是哪些？】

早上起床后拉开窗帘、洗澡、喝咖啡、刷牙洗脸、换衣服、打领带、化妆、坐电梯等，应该有各种各样的事情吧。请从这些每天都会做的事情当中，筛选出能够附加"自我肯定宣言"的事项，并最终确定一个最适合你的事情。

将密码改成自我肯定宣言的内容

这里我再教大家一个每天可以自动进行自我肯定宣言的方法，这个方法可以说是个"安全网"。

接下来的问题或许有些突然，请问你是如何设定电脑密码的？如果是自己的生日或某人的生日这种"立刻就会被破解"的密码的话，那么强烈建议你把密码改成"自己的目标"。

一天当中，你会输入几次电脑密码呢？想必大多数人每天都需要输入好多次吧。如果把电脑的密码改为自我肯定宣言的内容，就不需要任何努力，也不需要"特意"挤出时间来宣言，就可以每天把自我肯定宣言反复输入大脑中。

事实上，前来找我咨询的企业经营者、创业者们也通过这个方法实现了他们的梦想。从一些商业目标，如公司的销售额要提高到这个规模，用户的数量要增加到这个水平，要在这个地方拥有属于自己的事务所，要登上这个媒体，年收入要达到多少……到要对妻子温柔一些，每天要陪孩子这么长时间，要出版一本书，要变得健康，要去旅行，等等。这个方法对任何一个理想都是有效的。

通过"**多次输入目标**",你的行动就会慢慢变得与目标相一致。所以,请一定要尝试这个方法。

"放弃该放弃的"的思维方式

自我肯定宣言类似于编程一样,是将自己的目标编辑、传输给自己,从而促成新的行动。

为了让一切都能心想事成,有一件事和采取新的行动同样重要。

那就是"放弃、消除那些与你的梦想无关的思考、选择和行动"。

也就是说,"放弃那些你应该放弃的东西"。

无论你想开始尝试多么正面积极的事情,只要负面消极的事物还在持续,那么就会正负抵消,一切都不会有任何改变。

妨碍你实现梦想的"应该放弃的"东西是"认为我做不到"的想法。

"我做不到""因为是他所以才能做到"……一旦有了这种想法,人类的大脑就会开始寻找"我做不到的理由",为"做不到""太难了"的想法建立佐证。

在第 2 章中已经介绍过了,这在心理学上被称为"色彩浴效应"。如果被问到"你的周围有多少个红色的物体",人们就只能看得见红色物体，根本不会察觉到周围同样也有黄色物体。使用的语言不同，大脑所认知的信息也会有所不同。

色彩浴效应对个体本身是有效的。"你所使用的语言"不同，你的大脑认知到的信息也会有所不同。如果使用"做不到""太难了"等词语，那么即使"能做到的理由""解决手段"等就近在眼前，你的大脑也会去认知那些能够佐证"做不到""太难了"的信息。

所以，如果想要切实体会到你身上发生的事情在"自动地发生变化"，就必须改变你所使用的语言。只是单纯地改变日常所使用的语言，你所接触到的信息就会发生惊人的变化。

比如，我策划了某个自由播音员"有关说话方式的讲座"，这和一般意义上讲述"发声""说话原则"等讲座不同，它的主题是"改变语言，从而改变人生"。

每次开讲都是座无虚席，企业经营者、创业者、OL（办公室女职员）、家庭主妇、环球小姐参赛者、女演员、美妆模特、电视台制作人等，自讲座开始短短1年时间内，就有超过1500人报名参加。

这个讲座之所以能有这么多人报名参与，是有理由的。因为听过讲座的人都通过改变语言而真正改变了自己，改写了人生。

有的成功通过电视剧试镜，有的找回了对丈夫的爱，有的有机会在大学举行讲座，有的以正式员工身份被录用到志愿部门，有的有幸被提拔参与公司内部的大型企划项目，有的在同期中最早升职，有的全国销售成绩连续排名第一，有的能够自信地说喜欢自己，有的准备和喜欢的人结婚了，有的拿到了1亿日元的大订单……

　　参与讲座，改变语言后重新书写人生的成功事例可以说是数不胜数。

6个提问帮你明确"应该使用什么语言"

那么,究竟使用什么样的语言、不使用什么样的语言,才能让你的理想变为现实呢?

我们首先来谈谈"应该使用什么样的语言"。

通过以下问题,就可以明确你应该使用什么样的语言。

【提问1】谁已经实现了你想要实现的梦想?(答案数量不限)

【提问2】你最想成为在提问1中的谁?

【提问3】提问2中的人的口头禅、经常使用的语言有哪些?(可推测)

【提问4】提问2中的人遇到困难时,他会使用什么样的语言?你认为他会说些什么?(可推测)

【提问5】你认为提问2中的人挑战全新的事物时,会在心里对自己说些什么?(可推测)

【提问6】你认为提问2中的人不会使用什么样的语言?(可推测)

提问3—6的答案可以是推测或猜测的,即便如此,想必与你平常挂在嘴边的话也是有很大区别的吧。

提问3—5中出现的语言,正是你实现梦想时应该使用的语言。

决定一辈子都不会使用的"弃语"

那么,你应该抛弃的语言(不应该使用的语言)又是什么样的呢?

这一点其实在刚才的提问6中已经有所涉及了。正因为已经达到你的理想状态的人"不使用"提问6中的语言,所以他才能保持理想状态。如果这里列举出的语言是你平时还在使用的,就有必要立刻停止使用。

其次,与提问6不同,有的词汇是成功实现理想的人、变成理想中的自己的人都不会使用的,也是我的客户们,甚至是我自己不再使用的"禁语"。

主要是以下5种词语。

"但是……"

"可是……"

"不明白。"

"太难了。"

"做不到。"

"但是""可是"是与自己不去做的理由、不去行动的理由相关联的词汇。

这两个词语的后面经常跟随着的是将不挑战、不作为合理化的内容。有了这些，就代表着如果不使用这种语言，诱发这种内容的事件就会变少。也就是说，将阻止自己行动、挑战的内容挂在嘴边，与不断给自己不作为、不挑战的回避机会是相关联的。

"不明白""太难了"是让你停止思考的语言。

因为"不明白"所以可以不用思考，因为"太难了"所以不思考也没关系……这两个词语是在下达指示，阻止你寻找"如何才能变不可能为可能""要怎么做才能实现梦想"等的解决方法。

你想要成就的事情、想要实现的梦想应该是至今从未经历过的，也就是说，很多时候你并没有掌握实现这些梦想的方法和手段。

在这时，如果使用"不明白""太难了"等语言，不仅找不到通向理想的道路，就连寻找道路本身的行为也会被叫停。

一旦使用了"不明白""太难了"等语言，你的大脑就会去认识那些能够佐证"不明白"和"太难了"的信息。

最后一个词语是"做不到"。

应该都不用解释说明了，一旦使用"做不到"这个词，大脑就会自动开始寻找"做不到的理由"。

有趣的是，如果向嘴上挂着"做不到"的人提出"如果要变得做到，应该怎么做才好呢"的问题的瞬间，就会被反问"那应该怎么做才能做得到呢"。其实就是这么简单，使用的语言不同，自身所寻找的信息和想法就会有所不同。

这个提问不仅可以控制自身的思考，也可以运用在职场管理上。只是改变喜欢说"做不到"的部下所使用的语言，业绩竟然轻易地就得到了改善，这样的实例也是存在的。

为此，请使用 6 个提问中出现的应该使用的语言，禁止使用"但是""可是""不明白""太难了""做不到"等 5 个应该抛弃的词语。

通过整顿语言环境，你的身边就会出现过去从未接触过的机会和机遇吧。

有了因改变语言而迎来的新机遇、新机会，你也就离你想要实现的理想更近了一步。

"交际圈改变人生"是真的吗

如果你希望心想事成，掌握理想人生，就需要让环境成为与你并肩作战的战友。因为不管你是否在意，环境都是一个会自动影响大脑的因素。

前面提到的"语言"也是一种环境。如果整顿了"语言"这个环境，那么每天就可以用几万个词来肯定自己。但是，如果不整顿环境，使用了"不该使用的语言"，那么每天就会在无意中用数万个"做不到""太难了"等否定的语言影响自己。

和"语言"一样，还有一个需要你整顿的环境。

即，你的交际圈。

或许你应该也听说过，交际圈改变人生。

交际圈改变人生……是真的吗？

试着回答以下提问，应该就能得出这个问题的答案了。

【提问】1 一周时间内，和你见面次数最多的（待在一起的时间最长的）5个人是谁？请列举出他们的名字。

会出现哪些人的名字呢？

列举出5个人的名字后，请注视着他们的名字，继续回答下面的提问。

【提问 2】有几个人已经实现了你想要实现的梦想?

如果已经实现了你的梦想的人数在 3 人以下的话,就代表你应该改变交际圈了。

某个问卷调查结果显示,"朋友圈的平均年收入,会成为你年收入的界限值"。

这是某个问卷调查的结果。

当然,我并不认为人生的价值在于获得大量的金钱,但是如果你设定的是"年收入提高××"等有关金钱的目标,那么可以尝试着计算一下刚刚那 5 个人的平均年收入是多少。

成功实现理想的人们教会我们的

交际圈可以改变人生吗？

答案是 Yes。

如果你有梦想，有想要收获的东西，想要改变自己的话，那么只和那些已经实现这种状态的人交往是最有效果的，也是能够最快拿出成果的方法。

原因在于，已经实现了你想要实现的梦想的人知道如何才能让梦想变为现实。

假设，你想要实现的梦想是登顶珠穆朗玛峰。

和那些别说是成功登顶珠穆朗玛峰，就连去都没去过的人讨论"怎样才能登顶"，那么可能永远都无法付诸行动。即便是付诸了行动，成功登顶的概率也是较低的吧。

但是，如果是和那些已经登顶过珠穆朗玛峰的人讨论"如何才能登顶"的话，应该就能收获很多非常细致的建议吧，比如需要做什么样的准备，需要提前开展什么样的训练，应该注意些什么等。有可能他们还会带你一起登顶……如此一来，就大大地提高了成功的概率。

和"已经实现梦想的人"交流，可以正确把握实现梦想需要些什么，应该如何行动，这一点想必已经无须赘述。

其次，如果身边都是已经实现你的理想状态的人们，那么你实现这一理想的难度也会有所下降。这和前文中，自从罗杰·班尼斯特突破4分钟跑1英里大关后，很多运动员都成功在4分钟内跑完1英里的故事是一样的。

但是，尽管拥有梦想，但大多数人都会和自己境遇相同的人走得比较近，这就是现实。

我也有过类似的经历。

辞掉公司的工作想要自主创业的我，计划做咨询师。为此，我打算重新系统地学习一下培训知识，于是去参加了有关咨询师取证的培训班。

培训班的课程结束了，我也顺利拿到了资格证书，但那时我的客户数还是零。当时，一起参加培训班的朋友们成立了一个"商务学习会"，集中了"客户数为零"的人员，每周一次讨论"如何才能获得客户"。

各自阅读市场营销的书籍，反复讨论可以这样做、可以尝试那样做。但是，最终还是没有任何效果，讨论了很多次仍旧没有任何一个人摆脱零客户的窘境。

这不正是一群没有登顶过珠穆朗玛峰的人，坐在一起探讨"如何才能登顶"的故事嘛。

从那时开始，我就改变了自己的交际圈。只和已经拥有客户的人来往的话,他们自然而然就会告诉我"怎么做才能收获客户",也会给我提供一些宝贵的意见和建议。

在新交往的人看来,某些事情或许是理所当然的。但对我这种从未经历过的人来说,他们提到的所有话题都是新鲜的知识,也是非常有效的建议,是和从未获得 1 名客户的人讨论一辈子也无法获得的信息。

重要的是你能否感受到幸福

改变了交际圈,你所收获的信息肯定会有所变化,你的人生也会有很大改变吧。

但是,改变交际圈时肯定会让人介意的一点就是,"和原本来往的人之间拉开了距离会不会遭到责难"。

"最近都不太和我们来往了啊。"

"抛弃了我们,开始和别人玩儿了啊。"

谁都不想被人如此责难……这也会成为一个烦恼吧。

其实,在意他人的看法,即使明白"改变了交际圈人生也会有所变化"的道理,也只有极少数人能够真正付诸实践。参加并不想去的聚餐,在对方的盛情邀请下共进午餐……也许利用这些宝贵的时间可以做做其他的事情,但还是在重复这样的行动。

我想向各位传达最真实的现实,所以就直截了当地告诉大家,**在你改变交际圈的时候,肯定有人会站出来批判你的这种行为,这就是现实。**

在我和刚刚提到的那个客户数为零的人们参与的"商务学习会"拉开距离时,学习会的其中一名成员就抱怨道:"你最近都不和我们来往了啊"。

但是，这里的关键问题是，究竟"不被一直以来交往的人控诉"重要一些，还是"实现自己的梦想"更重要一些。

遗憾的是，鱼和熊掌不可兼得。你应该也发现了，必须从两者中有所取舍。

为了避免误解，需要说明的是我并不是主张"没必要珍视一直以来收获的友谊"。在"现在的交际圈"和"改变人生所需的新的交际圈"中，如果你认为"现在的交际圈很重要"，我觉得这也是一个很不错的选择。

不改变现在的交际圈，就代表你想要实现的梦想没有改变交际圈那般重要。

最关键的是，你能否真实地体会到幸福，仅此而已。如果一味地追求改变和变化，失去了对自己来说很重要的东西，那就有些得不偿失了。

请一定不要忘记，"对于你来说，究竟什么是最重要的"。

第5章　总结

所有的确信都是"认识"被固化后的结果。

铭记正确的自我肯定宣言,并将其习惯化。

把电脑密码改为"自己的目标"。

使用你心中的模范人物所使用的语言,舍弃他们不使用的语言。

禁止使用"但是""可是""不明白""太难了""做不到"等词语。

改变交际圈。但是,切忌过度追求成功和改变,不要遗失了你所珍惜的东西。

第 6 章

利用"强大的心态"控制情绪

认同"不安、紧张的自己"

在前面的章节中，我们对梦想可以实现的原理、必要因素，以及环境的创造方法等展开了讨论。

但是，对于人类的大脑来说，最优先考虑的是"生存"，这一点已经强调过很多遍了。

如果在目前的状态下可以生存的话，你的大脑就会认为没有必要特意做出改变，对变化是极其抵触的。即使在充分理解原理的基础上采取行动，也无法违背这个最优先事项。

于是，大脑会想尽一切办法阻止你有所改变。

有时，它会让你产生不安和紧张的情绪，有时会让你没有信心，故意让你认识到一些可能会变成烦恼的事情。

如果不能消除这些碍事的"负面情绪"，就无法按照理想速度做出改变。

本章中，将会介绍如何才能消除、控制那些阻止你变化的负面情绪。

其实，不安、紧张等状态是大脑在向你发送暗号——**"和平常不一样了！没事吧"**，是一种危险信号。

从神经科学的原理来说，大脑中的血清素可以起到稳定情绪、产生幸福感的作用，当这一神经传导物质的分泌量变少时，人就容易感受到不安和紧张。

那么，稳定情绪的血清素的分泌量为什么会变少呢？

可以预见的是，首要原因在于压力，而让人感到不安、紧张的事情本身就是一种压力，血清素的分泌量由此降低，然后更加不安、紧张……就是这样一个原理。

那么，如果感受到不安、紧张，应该怎么做呢？

答案很简单。

即认可不安和紧张。

很多人在感受到不安和紧张后，会强迫自己消除这种情绪。

但是，不安和紧张的情绪并不是那么简单就可以消除的。或者说，你越是想要消除它，对不安和紧张的认识就越会被强化，"啊，我现在好紧张……""嗯，现在心里好不踏实……"，血清素的分泌量也会越来越少，不安和紧张的情绪更加严重。

如果这时候不是努力消除它，而是认可它，"可以不安""紧张也没关系"，大脑对不安和紧张的认识会就此画上句号，你也会意外地发现，情绪竟然渐渐稳定下来了。

也就是说，一旦认可了这种情绪，在那之后大脑集中在不安和紧张的频率就会降低，负面情绪也不会再无限膨胀。

"觉得不安也没关系。"

"紧张也是可以的。"

"作为一个普通人,紧张和不安是正常现象啦。"

就像这样,认可自己是消除不安和紧张最有效的办法。

不要"在大脑里思考",要写在纸上

"明明面对别人的烦恼,会给出很多意见和建议,可等到自己遇到一些烦心事,却怎么也想不通……"

我想这种人应该很常见。

来我这里咨询的客户里,也有很多平时专门给他人提供问题解决之道的企业经营者和顾问,就连他们这种"解决问题的专家"面对自己的苦恼都会束手无策。

为什么到了"自己的问题",就会一直苦恼呢?

那是因为"总在脑子里思考"。

所以才说为了避免一直烦恼,"不要在脑子里想东想西"。

为什么不能在脑子里思考呢?

那是因为人类的大脑有一个毛病,即喜欢把同样的一个问题在脑海中不断重复。

有了一个烦恼,那么一整天里这个烦恼就会在大脑中反反复复,就像有数百个烦恼一样。烦恼一直留在大脑里,人就会感受到压力,血清素的分泌量随之减少……没错,有时也会像这样因烦恼而变得不安。

既然不可以在大脑里思考，那应该在哪里思考呢？

里面不行，那就只有"外面"了。没错，就是"大脑外"。

"那在'大脑外'思考"的方法是什么呢？

"写在纸上。"

如果现在的你有烦恼，那就请拿出一张纸把你心里的烦恼写下来吧，写下所有让你介意的事。

实际写下来后，你就会发现其实你的烦恼也没有想象中那么多。

"咦？就只有这些吗？"

一直以来你是那么的苦恼纠结，可烦恼的数量其实很少……

这时你的心情应该已经轻松了很多吧。

接下来还有以下几个步骤。在纸上写下你此刻的烦恼后，请和纸张商量、沟通，继续写下"如何才能解决这个烦恼"。

和纸张商量讨论？也就是说，**在纸上写下"拥有烦恼的你"和"提供建议帮助的你"之间的对话。**

具体就像下面这样。

【拥有烦恼的你】

"我想换份工作，可一直迟迟下不了决心啊。"

【提供建议帮助的你】

"为什么会想要换份工作呢？"

【拥有烦恼的你】

"现在的工作让我体会不到价值感，而且每次要到很晚才能下班……"

【提供建议帮助的你】

"如果要换工作,那你有没有想好要做什么样的工作?"

【拥有烦恼的你】

"虽然还没有一个特别明确的想法,但最好是可以感受到幸福,而且不用加班到很晚的工作。"

【提供建议帮助的你】

"那为什么下不了决心呢?"

【拥有烦恼的你】

"也许问题不在于下不了决心,而是还没有去找哪家公司能够满足我的要求。"

【提供建议帮助的你】

"不要想着立刻做决定,要不先去找几家公司作为候选?"

【拥有烦恼的你】

"说的也是。我会去找找哪家公司可以满足我换工作的需求。"

【提供建议帮助的你】

"那你打算什么时候去找候选单位,又打算选几家呢?"

【拥有烦恼的你】

"我试着在 2 周内找到 3 家公司候补吧。"

就像这样,把对话落在纸面上,就可以客观地把握现实情况,也能针对自己的问题提出建议和帮助。

如果只是在脑海中进行这样的操作,所有思维都会变得主观,容易优先考虑自己做不到的理由和情绪,迟迟难以抓住问题的关键点,也就永远都找不到解决的办法。

利用"空椅子"技术快速解决烦恼

除了"在纸上写下对话"的方法以外,还有一个"在大脑外思考"的方法能够以惊人的速度解决烦恼。

这个方法名叫"空椅子"(Empty chair)。

· 首先在纸上写下你此刻的烦恼。

· 准备两把椅子,如果是并排摆放,那么就请坐在其中一把椅子上。

· 将写有烦恼的那张纸放在另一把椅子上,想象那里坐着另一个你。

· 请向坐在空椅子上的自己提供解决烦恼的建议。

想象着"旁边的椅子上坐着另一个自己",并提供建议帮助,这样一来即使之前在自己的脑海中毫无解决之策,也能像在给他人提供建议时一样,客观地寻找到解决问题的办法。

无论是刚才的"纸上对话",还是现在的"空椅子"技术,利用的都是"元认知"(Metacognition)的力量。

元认知能力是认知心理学用语,指"以第三者的角度客观地理解、监控、调节个体认知活动的能力"。

换句话说,就是"客观地观察自我的能力",就好比站在比自己"更高的位置"上观察自己。

如果具备较强的元认知能力,那么就能有效控制自己的情绪,客观地观察当下的自己,冷静地把握目前发生在自己身上的所有事情,常常保持在一个冷静平和的状态。

在美国职业棒球大联盟上大展身手的选手铃木一朗就曾在采访中这样说道,**"在我的斜上方有另一个我,他在注视着我有没有脚踏实地地努力。"**从这番话可以看出他的元认知能力有多高。或许,客观观察自我的"元认知能力"也可以说是"成功人士的情绪控制法"。

提高"元认知能力"的训练

那么,如何才能锻炼"元认知能力"呢?

大致可以分为两种方法。

第一个方法是像铃木一朗那样,养成"以上帝视角客观观察自我"的习惯,或是采用刚才提到的"纸上对话"和"空椅子方法"等,这些都是在日常生活中灵活运用元认知能力的方法,反复进行这样的练习,就会养成进行元认知的习惯。

第二个方法是通过训练提高元认知能力。

"想象以上帝视角观察自己",说起来简单,实际上或许也有人想象不出来吧。

有一个最简单的方法可以帮助这类人"客观地看待自己"。

即"观察镜子里的自己"。

镜子里的自己,既是自己又不是自己,我们就认为他是"另一个自己"吧。如果对着镜子里的自己说话,那么大脑就会认识到"镜子里的自己是自己又非自己"。

如此反复的话,就能体会到客观看待自己是什么感觉了。

对着镜子里的自己说,"今天的表情也还不错啊""今天也辛苦了""不要勉强自己"等，你的元认知能力就会得到锻炼。

　　但是，对着镜子里的自己说话时，请一定要确认周围没有其他人。被别人看到你在对着镜子里的自己说话，如果这时站在上帝视角客观观察的话……

将注意力集中到"当下"

据说"情绪"是人类行动的源泉。

"想被某人喜欢，所以要好好表现。"

"想成为大家眼中很厉害的人，所以努力达成目标吧。"拥有强大力量、能够让个体行动起来的，正是"情绪"。虽说它拥有强大的力量，但有时情绪又会"阻止"我们有所行动。

比如，发生了些很烦人的事情，让你无法集中注意力在此刻应该做的事情上；事情进展得不顺利，又或是遇到了件让你难过的事，陷入那种难过和悲伤的情绪，让你对什么事都提不起兴趣……某种程度上来说，这些"负面情绪"也是必需的。它可以让你发现自己缺少些什么，可以让你察觉到哪些是你应该重视珍惜的。

但是，如果一直被这种情绪所支配，无法有所行动，寻找不到新的幸福，也就没有任何意义了。我们有必要和这些情绪好好相处。

那么，陷入这些情绪时应该怎么办呢？

其实，办法也很简单。

关键在于,你是否理解它的原理,即是否明白"这个方法为什么有效"。如果不能充分理解原理,就很难将方法重现。

陷入负面情绪时的解决办法是,"将注意力集中在某一件事情上"。

假设,现在有件事让你火冒三丈、怒发冲冠。

这时,你会怎么做呢?

如果是我,我会去吃点好吃的。因为,品味美食时我的注意力会集中在眼前的美食上。这时,我就会忘记那件让我生气的事情。

让你生气的事、让你感到悲伤的事、让你觉得不安的事……究竟发生在"何时"呢?

全部都发生在"过去"或是"未来(以后)"。

我们产生的负面情绪,就是没有活在当下的证据。

用我"品尝美食"的例子来说明的话,就是让我火冒三丈的事发生在"过去",而忘记它,品味美食发生在"现在"。你的情绪有所犹豫的时候,必定是你的意识没有集中在"当下"的时刻。

你觉得,我们每天有多少时间是用来思考过去已经发生的事情和还未发生的事情,而不是思考"当下"的事件呢?某个调查结果显示,我们没有集中注意力在眼前发生的事情,即没有活在"当下"的时间,竟然占据了 1 天的 43%。

也就是说,我们每天会利用四成以上的时间去思考已经成为过去的事情或是还未到来的未来。如果真的是这样,我们的情绪又怎么可能稳定。

拘泥于已经过去的事情和还未到来的未来……即注意力没有集中在当下时，情绪就会摇摆不定。情绪一旦摇摆不定，那么我们的行动就会停止。即使你再怎么努力想要改变自己，如果最基本的情绪都不稳定的话，就无法向前迈进。

将注意力集中在"当下"你应该做的事情上，就可以有效控制负面情绪。请在充分理解这一原理的基础上，试着将注意力集中在当下。**需要我们动脑子思考的既不是过去，也不是未来，而是当下。**

攻破最强劲敌—缺乏自信

"我想试着挑战一下这个。"

"……可是,我没有信心。"

想必有很多人都是如此。

对比日本和其他国家,回答"有信心"的日本人是最少的。在 2014 年日本内阁开展的"平成 25 年(2013 年)日本与世界各国年轻人意识对比调查"(在日本、美国、韩国、英国、德国、法国和瑞士共 7 个国家中,各挑选 1000 名左右 13~29 岁的青少年作为调查对象)中,面对"是否对自己感到满意"的提问,其他 6 个国家能够回答"Yes"的人数占比平均为 79.8%,而日本仅有 45.8%,差距明显。

比起个人成果,日本人具有更看重团队成果,重视"和××"的倾向,所以即使自己是有信心的,但能够果断地回答"有信心"的人也还是比较少的……

但是,还有一项调查结果值得关注。在同一个调查中,"面对不知能否取得圆满结果的事情,是否有追求努力的欲望"这个提问下,其他 6 个国家回答"Yes"的人数占比平均值为 77.2%,

而日本仅为 52.2%。

面对不知是不是能取得圆满的结果，还能有追求、努力的欲望？

其实，这一点会对"信心"产生极大影响。

所谓的信心，不仅仅是天生的，也可以通过后天培养来获得。在培养信心的原理中，面对不知能否取得圆满结果的事情，是否有追求努力的欲望，这一点是具有很强的影响力的。

"培养信心的方法"有两种。

第一个是，当你决定要做的事情真正做成了时，就会感受到喜悦、信心。

重点在于"不介意（做成的事的）大小"。不管什么事，不管是多么小的事情，只要不断积累自己决定要做的事真正做成了时的经历，自然而然地也就有信心了。

认识到自己决定要做的事是自己"做成了的"，这是核心点。

比如，与某人通电话、给某人发邮件、预约到某家店……即便是这些小事，也要认识到"是我自己决定要做，而且我也做到了"。如此一来，在第 4 章中提到的"自我效能感"，即对自我能力的评价也会提高。这里的自我效能感就会转化为信心。

为了认识"做到了自己决定要做的事"，平时就得把一些细小的任务写下来，等完成了（任务达成）之后，就大喊一声"我做到了"，然后用横线将那个任务划掉，这个方法是非常有效的。

第二个培养信心的方法，需要经历以下过程。

- 能做到的事越多，就会变得越喜欢自己

↓

- 了解自己

↓

- 热爱自己

↓

- 描绘自己的未来

通过积累前文中所提到的"做成一件事"的经历，能做到的事情就会越来越多，如此一来，人们就会变得喜欢自己。

"能做到的事越多，就会变得越喜欢自己。"

也就是自我肯定感得到了强化。喜欢上自己以后，就会对自己产生兴趣，这就是"了解自己"的阶段。自己是什么性格，适合些什么，面对什么事会有什么样的反应，自己的强项是什么，弱项又是什么……由此慢慢掌握自己的特点。

在了解自己的过程中，既能看到自己积极的一面，又能看到自己消极的一面。如果能够不去评价这些特征的好坏，全部接受的话，就会进入"热爱自己"的阶段。

能够原谅自己的过去，尊敬现在的自己，而且还能对未来的自己有所期待，这就是"热爱自己"的表现。

然后，在热爱自己的状态下面对描绘的未来，产生"我可以拥有这个未来"的想法，便会产生信心。

假设把由自我效能感而产生的信心叫作"一次信心"，把描绘未来时的信心叫作"二次信心"的话，那么如果缺乏因"一次信心"而强化的自我效能感这个基础，是无法拥有"二次信心"的。

换个说法的话，就是只有不断积累"做到了"，才能描绘出未来。

"不知道是不是能取得圆满的结果，即便如此还是有追求、努力的欲望？"

面对这个问题，回答"Yes"的人是能够描绘出自己未来的人，也就是拥有二次信心的人。和其他各国相比，日本年轻人中回答 Yes 的人占比较低，绝不是"有自信的人比较少"，只不过是"拥有二次信心的人比较少"而已。

如果，面对接下来你想要获得的成就，想要实现的梦想，换句话说面对不知道是否能取得圆满结果的事情，你"没有信心……"，无法产生努力追求的欲望，那么只要描绘出自己的未来（创造出二次信心），就能够充满追求奋斗的欲望，就会为实现梦想毫不犹豫地行动起来。

实现梦想所需的信心，是可以靠自己的力量创造出来的。

"真正的踏实"并非"稳定"

不安、紧张,没有信心,甚至是焦虑……这些负面情绪或许会妨碍你创造属于自己的未来,人类本能就决定了想要消除这些情绪。

"如果要体会这些情绪的话,倒不如放弃挑战,就这样稳定着更舒服。"

也许也有人会这样想吧。

但是,要说生活稳定是不是就能获得"真正的踏实",事实又并非如此。

或许稳定的生活起初感觉很不错,但慢慢地我们就会对"每天的一成不变"产生不满的情绪。

每天没有任何变化,也没有任何刺激,的确会让人觉得踏实放心。但是没过多久,面对完全相同的每一天,我们就会心生疑惑:"这样下去真的好吗?"甚至会觉得"唉,这种状态要持续到什么时候才是个头啊",最终无法忍受当下的生活。

如果认为踏实就是"一直保持现状",且实际这样生活的话,那么慢慢就会被每天都在变化的世界抛弃,等到某一天你就会发现，也许你所认为的稳定踏实的日常已经被剥夺了。

那么，怎样才能感受到"真正的踏实"呢？

"真正的踏实"是只有在包含"踏实"在内的4种情感中，除"踏实"以外，其他三种情绪也得到满足时才能体会的情绪。

这4种情绪分别是"认同""挑战""联系""踏实"。

"认同"是指，想被他人认同，也想从自己内心获得认同感的情绪。

"挑战"是指，想要挑战或正在挑战那些能让自己兴奋的事情时所感受到的情绪。

"联系"是指，并非是和自己熟悉的人，而是和能感受到自己是幸福的，或是能感受到成长的人们之间来往时所感到的情绪。

人类在体会到"认同""挑战""联系"这三种情绪时，才会感受到"真正的踏实"。

能够认同自己（认同），正在挑战那些让自己兴奋的事情（挑战），这时身边有能体会到成就感和幸福感的朋友、家人（联系），有了这些才能体会到"真正的踏实"。

也就是说，"真正的踏实"并非"稳定"。

现实问题是，"每个月拿着固定的工资、生活稳定"的公司职员大多会把"前途迷茫"挂在嘴边，也会感到不安。这正是没有获得"真正的踏实"的表现。简单来说，应该是"挑战"的情绪还不够充分的缘故吧。

为了让你的梦想实现，你需要具备持续不断行动的能力，而这正是感受不到不安等负面情绪，体会到"真正的踏实"时的状态。

认可自己，或是切实地体会到自己对他人有用，从而获得"认同"感，通过有选择地与人来往，获得"联系"，然后请向那些能够让自己有所成长的事物、全新的事物发起"挑战"。到了那时，或许你就能感受到"真正的踏实"了吧。

"强大的心态"由最强的条件反射产生

当你行动起来,开始改变自己之后,有时也会遇到一些"让你感到挫败"的事情。

遭到周围人的议论,"最近一点都不合群啊""怎么感觉你这两天怪怪的,在搞什么小动作呢"……

一开始干劲十足,后来突然一切都变得不顺利……

这时,有很多人都会体会到挫败感,行动也将就此打住。

但反过来说,现实情况就是那些能够克服让人感到挫败的事情,并且持续行动努力的人,才成功实现了梦想。

那么,那些追求梦想,不懈努力,拥有"大神心态"的人究竟和普通人有什么区别?

是"经验值"不同吗?

是个人性格的问题?

还是他们有什么秘密手段?

普通人和心态强大的人之间的区别……在于"条件反射"。

词典中对"反射"的解释是,"人类对于刺激所产生的无意识的、机械式的身体反应"。

"无意识的、机械式的"这一点非常关键。

拥有"大神心态"的人并不是在锤炼内心本身,而是面对事物有着不同于常人的"条件反射"。

具体是什么意思呢?

简单来说就是,面对发生在自己身上的事情,不管是好事还是坏事,都会条件反射地,或者说无意识地、机械式地将其视为"好事"。

举个例子,假设你现在要准备尝试一件新的事物,可以是为实现梦想开始的学习,也可以是为了让自己有所成长而养成新的习惯,从事新的工作,培养新的爱好……什么都可以。

就在你开始新的尝试时,有人在背后议论你"感觉她最近都不合群啊",而这话恰好又传到了你的耳朵里。

这时,普通人会怎么想呢?

也许会感到悲伤、失落:"原来在他们的眼里我是这样的人啊……",或是火冒三丈:"为什么自己要被这样议论?我做什么跟他们有什么关系!"

但是,心态强大的人在遇到这种事情时,会"下意识地、机械化地"做出何种反应呢?

"那可真是太幸运了!"

"真走运!"

"谢谢!"

他们会有这样的反应。

也许你会觉得可笑，"明明是被别人嚼舌根，还能感到'幸运''走运'，竟然还表示'谢谢'……这也太奇怪了吧"，但这恰恰就是问题的关键，而且这就是心态强大的人们的真实反应……这是不争的事实。

练习将所有事物都放入好的框架

心态强大的人遇到任何事情，首先都会条件反射地认为"幸运""走运""感谢"，从而 自动地开始从中寻找"幸运的部分""走运的部分"及"应该感谢的部分"。

实际上，在前来咨询的企业经营者和创业家身上就有类似的例子可以借鉴。

白手起家时，谁都是从零开始，毫无名气。随着客户数量一点点地增加，他们也有了知名度。

一旦有了知名度，就会有追捧他的粉丝，同时也会有反感他的人，就是我们口中的"黑粉"。遭遇"黑粉"的批判后，大多数人就会心生挫败，行动力直线下降。当然，这也是正常现象，谁都不愿意被骂和被指指点点啊。

但是，你的事业越做越大，造福民众，知名度自然就会上升，你的舞台也会越来越大，而随着知名度的提升……你越活跃，"黑粉"数量也就越多，这就是现实。不管你是多么有名的女演员，或是非常优秀的运动员，肯定都会有"黑粉"存在。

面对想要实现梦想的企业经营者、创业者，我总是会说这样一番话。

"等你有了批判者，那时的你才真正成长为了优秀的人。"

"不想被批判，就代表你只被那些喜欢你的人认可了而已。"

"知名度提高到有人看你不顺眼时，才是你对这个世界有用的时刻。"

如果有了这种认识，再被某人批判时，就不是"被批判＝失落悲伤"了，而是会做出"被批判＝成为有用之才！太棒了"的反应。

同样都是"被批判"，但是有人觉得"失落悲伤"，有人觉得"开心"。

要说区别……

就在于，从什么样的视角去看待"被批判"这个事实。

正是这一点。

在感到"悲伤失落"的人们眼中，"批判"是件"坏事"，他们会认为"啊，被人嫌弃了"。

而在感到"快乐"的人们眼中，"批判"则是件"好事"，他们会认为"啊，我已经有知名度啦，都有'黑粉'来'踩'我了"。

心理学上把这种赋予事件某种意义的行为叫作"框架效应"，将所有发生的事件定义为"好事"或"坏事"，然后寻找这种定义下的意义。

此时，"事件的内容"是没有意义的。如果必须寻找正面的意义,即"批判=知名度上升的依据",将其定义为好事的话,就能找到其正面的意义,哪怕很牵强。

既然如此,难道不会觉得形成一种"遇到任何事都能自动地找到其正面意义的体质"更好吗?

没错,"拥有强大心态"的人,并不是"拥有坚定不可动摇的意志",而是不管遇到任何事情,都能不假思索地、自动地从中寻找出正面意义,正是因为能从所有事件中找到正面积极的意义,才不会感到挫败。

有意识地形成"口头禅",让内心自然而然变强大

从所有事件中寻找到"正面积极的意义"。关键不是通过"思考"得出积极意义,而是"不假思索地""条件反射地"。

但是,怎样才能达到这种状态呢?

方法只有一个。

把能将任何事件都定义成好事的词语如"幸运""走运""谢谢"等挂在嘴边。

最好是达到那种遇上某件事以后,无须深入思考,先冒出"Lucky"一词的水平。如此一来,你的大脑就会认为,"啊,这是一件幸运的事情,要说为什么幸运……",硬是去寻找幸运的理由。

不管遇到什么事,都能说出"Lucky""真走运""谢谢",把这些当作"口头禅",这个办法是最快捷有效的。但是,心里想着"试着多说几次"是无法形成"口头禅"的。为了养成这个习惯,必须一次又一次地反复,直到让你的身体记住它。

比如，棒球运动员为了让身体记住正确的击球动作，要练习成百上千次。我们要让一个新的词语成为口头禅，就必须每天重复十次、百次甚至千次，否则是无法成功的。

那么，能让你寻找到积极意义的、脱口而出的词语又是什么呢？

"Lucky""真走运""谢天谢地""好了""Thank you"

请选定一个让你心情愉悦的词语，把它变为你的口头禅。选择好要成为口头禅的词语后，接下来就请设定一个时间段，在那个时间段内每天无数次地重复那个词语。

要形成"新的习惯"，关键在于将其附加在已有的习惯上。这一点已经在第3章中介绍过了。

有哪些事情是你习惯了每天都要做的呢？其中，又有哪件事是可以让你无限重复那个你选择的词语的呢？

人类有能力寻找自己设定的理由

这个"口头禅"的效果,是这么多年来我提供过咨询建议的企业经营者、创业者、作家、模特、女演员、医师等亲身实践证明过的。

有一位品牌设计师,不仅仅自己这样做了,还让丈夫也做了尝试。原本丈夫的公司管理不畅、业绩不好,在丈夫练习后公司业绩触底反弹,年收入超过了1亿日元。

这一方法也造福了我,我也通过形成新的"口头禅",让事业有了起色。

起初我设定的口头禅是"真走运啊"。这个词挂在嘴边后,你会觉得"好事竟也发生在了我的身上"。这并不是什么非现实的唯心论,是从心理学和NLP中学习人类大脑原理结构的基础上得出的结论。

"人类的大脑具备寻找自己设定的理由的能力。"

似是而非、大差不差是不能形成口头禅的。要形成那种即使睡过头了,钱包丢了,手机掉水里了,也能脱口而出"真走运啊"的状态。

我首先从每天要做的事情当中寻找，有没有哪个时间段是我可以长时间持续地说出"真走运啊"的。我找到的是 <mark>早上从起床后到出门前的准备时间</mark>。我每天早上出门前的准备需要 40 分钟才能完成，所以我决定在这 40 分钟内一直重复"真走运啊"这句话。

早上睡眼惺忪地洗澡的时候、刷牙的时候、换衣服的时候都是"真走运"。我决定先把这个"早上 40 分钟走运"坚持一个月。

刚开始的一周，嘴上说着"真走运啊"，但心里总有种违和感，但是到了十多天以后，真实体会到在日常生活中说出"真走运啊"的次数变多了。过了一个月之后，虽然还没有达到条件反射就冒出这句话，但至少遇到一件事的时候，"就当是走运吧"的想法会最先浮现在脑海中。

结果，在日常生活中优先考虑"走运"成为标准作业，习惯了思考"为什么会走运"，<mark>最终形成了"口头禅"</mark>。

据说，被称为"经营之神"的松下电器（现松下电器产业株式会社）创始人——松下幸之助在选贤任能时肯定会提的一个问题就是：<mark>"你是个幸运儿吗？"</mark>

无论何种境遇、何种事件，都可从中找寻机遇。

我想，这是任何一个时代下，拥有坚韧的内心，具备"强大心态"不可或缺的吧。

第6章 总结

认同不安和紧张。

不要在大脑中烦恼，把烦恼写在纸上。

烦恼的数量并没有你想象中那么多。

在纸上对话，找出解决问题的办法。

向坐在旁边椅子上的"另一个自己"提出建议。

注意力集中在"当下"，情绪就会稳定。

当"认同""联系""挑战"得到满足时，才能感受到"真正的踏实"。

不管遇到什么事，都能"条件反射"地找出积极意义的词语挂在嘴边。

终章

谁都无法剥夺我们获得幸福的权利

时刻铭记目标,"想尝试就马上行动"

截止到目前已经介绍了,主动做出改变,实现梦想所需要的训练及其原理。

但是,遗憾的是……

人最终会遗忘一切。

著名的"艾宾浩斯遗忘曲线"就是关于"记忆"和"忘却"的实验结论:"事件发生 20 分钟后,人类会遗忘 42% 的内容,1 小时后会将约 56% 的内容忘记,1 天后会忘记 74%,1 周后会忘记 77%,到一个月以后 79% 的内容都会被忘掉"。

也就是说,最终只有 20% 的内容留在人类的大脑中。

但是,既然了解了这一事实,就可以"避免这种情况",即"努力不要遗忘"或是"充分有效利用剩余的 20%"。

首先,请"想办法不要遗忘"在阅读本书的过程中,你决定要执行的事情。

可以把设定好的目标和小发现写在纸上,贴在可以看到的地方。**最终,只有那些"努力不要遗忘"的人才能真正收获自己的梦想。**

还有一个办法就是，产生"想做到这个"的想法的瞬间就立刻行动。

比如，在读一本书的过程中也会出现一些想要亲自尝试的事情吧。这时，**请立刻合上这本书行动起来，没有必要把书读完。**重要的是，通过阅读让你的人生和每一天有所变化，哪怕只是"1毫米"的变化。

如果不能有所行动的话，一切都将保持原状。"等看完书再做"的时候，就是"正在遗忘"的表现。如果读完一本书，能有一个小变化，也是很不错的。

找到想要尝试的事情后，就马上行动。这将成为应对遗忘的一个好办法。

不要"为教而学",而是"为学而教"

即使有着相同的童年,读了同一所学校,掌握了相同水平的知识,大家的结果也不尽相同。有的人就能实现自己的梦想,有的人却只能碌碌无为,而这就是现实。

不对,与其说是结果不尽相同,更准确的说法是实现梦想的人少之又少。

为什么会变成这样呢?究竟有什么不同?

这和截至目前获得的知识量,以及其中有多少真正变成了自己的东西是密不可分的。因为知识量再丰富,"如果只停留在了解、知道的层次也是毫无意义的"。

对知识的理解可以分为5个阶段,被称为"知识的5个维度"。

第一阶段是"一无所知",其次是"有所耳闻",接下来才会进入"有所了解"的阶段,绝大多数人都处于这三个阶段的某一处。

但是,如果停留在"有所了解"的阶段止步不前的话,那你将不会有任何变化。如果你想让自己的人生,让自己有所变化的话，就必须将获得的知识从"有所了解"上升一个台阶。

"有所了解"的下一个阶段是"力所能及"。

"有所了解"和"力所能及"有什么区别呢？

举个例子，你在逛街时遇到外国人用英语问路，你想告诉他们去车站的路，但是你知道"车站"用英语怎么说，可就是说不出来，你用手机查了一下，回忆起"对对对，'车站'是的英语是'Station'，没错没错"，然后现学现用……这是"有所了解"的阶段。

而到了"力所能及"的阶段，在这个例子中，就可以不需要用手机查、回忆，从一开始就能说出"station"这个单词来，也就是达到一种能够灵活运用所学知识的状态。

学到了知识，可是不会用，这将毫无意义。比起增加那些不用的知识，扩展"力所能及"的知识，即收获更多可以灵活运用的知识，人生产生巨变的速度要快得多。

知识的 5 个维度中，最后一个阶段就是"能为人师"。

为了实现梦想，有所改变，请把在这本书上获得的知识教授给他人。 教授他人的过程，不正是你对书里介绍的各种方法的实践过程，从而一步一步慢慢收获梦想的过程吗？

目标因更新而存在

我在第一章中就介绍了收获理想人生的公式。

> 现实（未来）=①目的地 × ②手段 × ③心态

但是……

这个公式里有一个很大的陷阱。

其实在前文里也提到过了，收获了自己的梦想之后，必须时常"更新"公式里的内容。

比如，假设你的目标是"从公司辞职，自主创业"。

你掌握了要完成这个目标所需的手段，也拥有了能够完成目标的心态。

于是，你成功地创立了属于自己的公司，抵达了"目的地"。

接下来……

如果你继续保持公式的内容不变，那么你就会停留在"从公司辞职，自主创业"，不再成长进步。

抵达目的地的飞机，一定会设定好"下一次飞行的目的地"，然后检查机体（手段）是否能保证抵达下一个目的地，接着需要一名机长，他的心态（自我认知）必须保证能够抵达下一个目的地。

同样的道理，当你实现了梦想，就必须更新下一个目的地，和到达那里所需要的手段，以及具备相应的自我认知。

如果缺少了这个过程，就会感到已经到达极限，停滞不前，从此不再有所成长。

在你实现了梦想的时刻，面向下一个"目的地"就变得至关重要。没有下一个目的地的飞机，没有可靠的机长的飞机，是无法朝着新的终点起飞的。

为实现梦想永不止步

本书中介绍了对自己的心态进行重组，主动行动，实现梦想的原理和机制。

重组心态，有的人在 1 个月内就会见效，有的人会在 3 个月后感受到效果，也有人在半年后才能体会得到成果，这和每个人梦想的规模体量有关，也会被这个人重组心态时的严谨认真所左右。

但是，不管你采取的是何种方法、何种手段，又是以什么样的频度在重组心态，能帮助你实现梦想的方法，说到底就只有一个。

那就是，到梦想实现为止，始终坚持不懈。

风靡全球的著名小说《哈利·波特》系列，全球发行量高达 4 亿 5000 万册，电影票房累计约 8200 亿日元。

而作者 J.K. 罗琳在出版初期，遭遇了 10 家出版社的拒绝。

如果当时她放弃了的话，《哈利·波特》后面的成绩也就不复存在。

星巴克的创始人霍华德·舒尔茨在创业初期，有 242 家银行拒绝为他投资。

就连著名的迪士尼主题乐园在筹建时，都有 300 多家公司拒绝投资。

现在的星巴克和迪士尼乐园不仅存在于这个世界，还成了国际化大企业，这是为什么呢？

答案很简单。

因为他们在实现梦想的路上从未放弃过。

但是，如果要问只是单纯地坚持就可以了吗？答案又是否定的。

要明白，"努力是会背叛我们的"。不管你有多努力，如果是在不恰当的方法下努力坚持，"不过就是让不恰当的方法变得恰当而已"。

追求只属于自己的幸福

最后我要告诉大家一件非常重要的事。

那就是，单凭金钱你是不会获得幸福的。

我想应该会有很多人的目标、梦想都是与金钱有关的，比如要提高收入。

但遗憾的是，"单凭"金钱你是不会幸福的。

有一个词叫作"财富的边际效应"。

简单来说，指的是"习惯了财富，就会体会不到幸福"的心理效果。

比如，你想要爱马仕的高级"铂金包"。从没有到终于拥有了一个铂金包，假设此时你的喜悦有 100 分，那么，当你再拿到一个同样的铂金包时的喜悦会变成多少呢？

其实有一个调查恰好是研究这种心理的。

当你已经拥有了某件东西，再拿到一个同样的物品时的喜悦会减少 20%，变为 80 分。到了第三个的时候变成 50 分，第四个时降到 10 分，从第五个开始就变为 0 分了。也就是说，当你习惯了财富后，就会渐渐体会不到喜悦和幸福了。

这就是"财富的边际效应"。

年收入原本是 300 万日元的人变成年收入 600 万日元时，幸福度会上升多少的调查结果显示，虽然年收入变为原有收入的 2 倍，但幸福度仅仅上升了 9%。

这个现象叫作"享乐适应"，是指人很快就会习惯一直以来认知中的富裕，慢慢无法从中获取到幸福感。

人生在世，金钱是必不可少的，也有很多事情是拥有了金钱才能经历体会到的。但是，如果只是一味地追求金钱，那么等待你的现实就是"经济上变富有了，却体会不到幸福"。

那么我们应该以什么为目标呢？

应该是，能让你体会到"幸福"的瞬间。

想如何使用金钱，收获什么样的幸福……

始终将注意力集中在自己的幸福上，是极为关键的。

我也通过创业获得了经济和时间上的自由，但我的目标是一种状态，是"在喜欢的时间、喜欢的地点做着喜欢的工作，然后将人生的所有时间都用在那些对我很重要的人身上"。

无论如何，请千万不要去追求那种像是别人定义好的成功和幸福，一定要"收获"那些让你感到幸福的现实。

和他人无关。用你脑海中"幸福的形式"获得幸福,否则一切将变得毫无意义。

请不要偏离你的"幸福中轴线"。

终章　总结

最终，只有努力"避免遗忘"的人才能实现梦想。

如果抵达目的地之后，不更新目的地、手段和自我认知，就无法去往下一个地点。

在实现梦想的路上不言放弃。

努力有时会背叛我们。

单凭金钱是无法获得幸福的，要理解"财富的边际效应"。

不要放弃追求专属于自己的幸福。

结语

不是"投机取巧",而是为了"轻松"

真心感谢你能够读完这本书。

想必读到这里的你,已经体会到了兴奋感,掌握了"强大的心态",改变了一直以来并不顺意的自己。

想让自己的人生变得心想事成、万事顺意是有办法的。

但不知为何,很多人都认为"只有咬牙努力才能成功"。

就像之前提到的那样,按照导航路线驾驶的话,是能抵达目的地的。虽然在旁人看来可能是付出了令人难以置信的努力和代价,但当事人从未觉得那是在"努力付出"吧。

为什么会出现这种情况呢?

那是因为,他深刻理解"人生在一定程度上是由心态来决定的",比起掌握实现梦想时的"手段 × 方法 × 知识",把形成与成功相符的心态放在了最优先的位置上。

一旦形成了与你的梦想相符合的心态,主动行动起来,"现实"也会发生变化。

如果能够达到这种状态,哪怕只有一次,你就会体会到"轻松地"获得理想人生是什么感觉了。了解掌握公式会"轻松"一些。

2011 年 10 月,我从公司辞职开始自主创业。

虽说如此,最开始的 10 个月我完全没有任何收入,搬离了在上市公司上班时公司准备的市中心公寓,不得不搬到距市中心 1 小时车程的车站沿路的两层小公寓里。

一居室的公寓，面积大约只有 5 叠（约 8.1 平方米）。每次有电车通过时，整个房间都会摇晃，我就在这样的环境下度过了零收入的 10 个月。周围有人问过我："当时有没有很辛苦？不会觉得不安吗？"

但是，根本没有不安。原因在于，我在亲身实践这本书中介绍的形成"大神心态"的方法。

为此，在狭窄的房间里，我到处贴满了自己成功时的"图片"，还有提醒自己正在朝着什么方向努力的大字报，贴到没有任何一点空白的地方。所以有人来我家做客时，他们可能会觉得"星的脑子大概是坏掉了吧"。

从创业时就认识我的朋友曾经对我说，"星当时付出了我们无法想象的心血和努力"，但是在我看来，并没有这种感觉，因为自然而然就会行动起来。这里必须强调的是，当时我确确实实为了形成"大神心态"锤炼了内心，也把这项工作优先于掌握"手段 × 方法 × 知识"。

其结果是，我实现了"在喜欢的时间、喜欢的地点，做着喜欢的工作"的理想。在家里能看见大海的书房也好，在国外的离岛也好，回到老家和父母在一起的时候也好，与时间、地点无关，我都能自由地享受人生。

你的梦想是什么呢？

什么样的生活，什么样的人生会让你感受到幸福呢？

重要的不是赚了很多很多钱。

重要的也不是能够挥金如土，做很多奢侈的事。

重要的是度过"能让你体会到幸福"的每一天。

为此，最优先的是形成"大神心态"，回顾我的人生经历是如此，我提供了建议、咨询的客户们亦是如此。

对于读到这里的你来说，如果本书能够成为你改变日常的起点，那将是一件无上的幸事。

人生没有"偶然"。

能够读到这里是因为"你自身的意志"，你的人生也已经开始变化。最后，为了帮助你抓住这个开始变化的契机，不让"你的变化"就此画上句号，我准备了一份礼物。

如果读完这本书，又回到了"和以前一样的"日常，最终也只是原地打转，慢慢地也会忘记自己的目标。这时就需要"不要遗忘"，为此，我为读到这里的你，新开了 @LINE 账号。

无论如何，我不希望你白白浪费读到这里所花费的时间，你需要的是"契机"和"行动"，我借这本书为你掌握理想人生呐喊助威。

最后，我要感谢在出版这本书的过程中，以编辑伊藤直树为首的 KADOKAWA 的各位朋友，感谢协助编辑中西谣老师，谢谢你们。

另外，正因为有这么多朋友来找我咨询，有了你们的支持，这次才能以书籍的形式把我的理念传达给全世界。

正因为大家的实践得出了喜人的成果，我才能将这些知识、方法写成书，衷心感谢各位对我的支持与帮助，谢谢。

致读到最后的你。

或许，你的工作不是很顺心，因人际关系而挫败，丧失了活在这个世上的价值，遭遇了不幸，快要被不安的旋涡吞噬，在黑暗中暗自伤神……也许并没有这么严重，但也已经接近崩溃的边缘。不过，不用担心，所有的事都会过去的，都会变得一帆风顺，每一个人都握着那把决定自我命运的钥匙。

从今天开始，把人生的所有时间只用在自己喜欢的事情上。

只要有如此的决心就好。你的时间是有限的，不能过着别人的人生，浪费光阴。不能让周围的噪声掩盖你的心声，因为任何人都无法剥夺你追求幸福的权利。

希望你能够察觉到这些，掌握"大神心态"，在喜欢的时间、喜欢的地点，做着喜欢的工作，而我始终期待着遇到这样的你。

参考文献

1. 前野隆司. 实践"激活大脑的幸福学",提升无意识力量的 8 个讲义 [M]. 讲谈出版社.

2. 苫米地英人. 收获所有、剩余 97% 大脑的使用方法 [M]. Forest 出版社.

3. 加藤俊德. 大脑的强化书 [M]. ASA 出版社.

4. 加藤俊德. 大脑的强化书 2[M]. ASA 出版社.

5. 利玛窦·墨特里尼. 情绪撬动经济——史上最初的行为经济学 [M]. 泉典子译. 纪伊国屋书店.

6. 柊莉恩. 丢了男朋友,没了工作——人生不顺时用"成功经济学"改变命运 [M]. 主妇之友出版社.

7. 亚伦·皮斯,芭芭拉·皮斯. 梦想自然会实现 Play&Programing[M]. 市中芳江译. 太阳标志出版社.

8. 路·泰斯. 改变人生! 传说中的教练的语言和 5 个法则——自我肯定宣言 [M]. 苫米地英人,田口未和译. Forest 出版社.

9. 上大园卜,池谷裕二. 大脑干劲的秘密 [M]. 幻冬舍.

10. Reference 协同数据库. http://crd.ndl.go.jp/reference/modules/d3ndlcrdentry/ind×.hp?page=ref_view&id=1000181979.

11. 倍乐生（Benesse）综合教育研究所.http://berd.benesse，jp/berd/center/open/berd/backnumber/2008_13/fea_ikegaya_01.html.